1990年以来严重影响温州的台风暴雨

陈隆吉 郑华 董增川 主编

河海大学出版社
·南京·

图书在版编目(CIP)数据

1990年以来严重影响温州的台风暴雨 / 陈隆吉，郑华，董增川主编. -- 南京 ：河海大学出版社，2022.11
ISBN 978-7-5630-7783-0

Ⅰ. ①1… Ⅱ. ①陈… ②郑… ③董… Ⅲ. ①台风灾害—史料—温州②暴雨洪水—史料—温州 Ⅳ. ①P425.6 ②P333.2

中国版本图书馆CIP数据核字(2022)第208160号

书　　名	1990年以来严重影响温州的台风暴雨 1990 NIAN YILAI YANZHONG YINGXIANG WENZHOU DE TAIFENG BAOYU
书　　号	ISBN 978-7-5630-7783-0
责任编辑	齐　岩
特约校对	李　萍
封面设计	徐娟娟
出版发行	河海大学出版社
地　　址	南京市西康路1号(邮编:210098)
电　　话	(025)83737852(总编室)　(025)83722833(营销部)
经　　销	江苏省新华发行集团有限公司
排　　版	南京布克文化发展有限公司
印　　刷	广东虎彩云印刷有限公司
开　　本	710毫米×1000毫米　1/16
印　　张	7.75
字　　数	100千字
版　　次	2022年11月第1版
印　　次	2022年11月第1次印刷
定　　价	48.00元

编委会成员

主　　编　陈隆吉　郑　华　董增川

编写人员　陈才明　李春晋　厉海斌

储　媚　李　琼　程　鹏

陈龙州　夏丽珍　潘忠斌

前言

浙江省是我国受台风影响最严重的省份之一，在台风影响期间，伴随而至的有狂风、暴雨、风暴潮和地质灾害等，这些都会直接或间接给人类的生命财产和国民经济建设造成影响。特别是台风带来的暴雨可以直接造成小流域洪水、城市内涝，还会引发山体滑坡、泥石流等次生灾害。温州地处浙南沿海，海岸线长502公里，是浙江台风防御的桥头堡，是受台风暴雨影响最严重的城市。温州三面环山，一面临海，地形地貌复杂，小流域多，山塘水库多，容易出现台风暴雨洪涝及次生灾害。迄今为止，影响浙江的最强登陆台风和最大短历时暴雨均出现在温州市境内。2006年8月10日登陆苍南县马站镇的超强台风“桑美”是登陆浙江的最强台风。2019年8月“利奇马”超强台风在台州玉环登陆，登陆时风力为16级，乐清、永嘉北部普降大到暴雨，短历时暴雨超历史极值，乐清福溪水库站最大1小时降雨量达168.5毫米，最大3小时降雨量达441.0毫米，最大1日降雨量达882.0毫米，均位列全省短历时暴雨第一。

2021年温州印发《关于推进温州市水文高质量发展先行区建设的实施意见》，提出结合历史水文信息数据，深度挖掘水文信息，实现实时数据与历史资料的融合，将分析成果通过共享平台发布，全面提高防汛防台和水旱灾害防御支撑能力与社会服务水平。作者从 2021 年开始着手对近三十年温州市有影响的台风个例水雨灾情分布特征进行研究，全面调查和整理了 1990—2021 年正面袭击和严重影响温州的 24 次台风暴雨灾害，涵盖了台风概况、水雨情、灾情等基本情况，总结复盘每次台风对温州的影响，整理编写完成了《1990 年以来严重影响温州的台风暴雨》，为以后防范类似台风提供经验和参考。

本书在撰写过程中得到温州市水利局和河海大学领导的关心和大力支持，部分台风统计资料参考了温州市气象台的数据。本书由温州市水文管理中心陈隆吉统稿。河海大学水文水资源学院董增川教授，温州理工学院郑华，温州市水文管理中心陈才明、李春晋、厉海斌、储媚、李琼、程鹏、陈龙州、夏丽珍、潘忠斌等参与了本书部分章节的编写、整编和校验工作，在此表示感谢。

由于作者水平有限，对有些情况未能作更加深入细致的调查研究，书中若有不妥之处，敬请不吝指正，作者深表感谢！

陈隆吉

2022 年 6 月于温州

目录

1

概况

1.1 地理位置及行政区划

温州市地处浙南沿海，位于东经119°37′至121°18′、北纬27°03′至28°36′，陆域面积为12 110平方公里，海域面积为8 649平方公里，陆地海岸线长502公里，东濒东海，南与福建省宁德地区毗邻，西与丽水市接壤，北与台州市相连。

1.2 地形地貌

温州地貌，分陆地地貌和海岸（海洋）地貌两大类。地势自西向东南呈梯状倾斜。洞宫山脉自福建省东北东走向延伸于泰顺、文成二县，括苍山脉从永嘉西部东北东走向至仙居、黄岩，两大山脉海拔都在千米以上。南雁荡山脉和北雁荡山脉因地质构造断裂作用，逐渐降低成千米以下的横亘中部的低山丘陵地带。再往东是冲积和海积平原。平原海岸为淤泥质海岸线，丘陵山地海岸为基石质海岸线。由于河流和山脉直交割切，河口成为溺谷海湾。沿海岛屿是山脉伏地入海的延续，海岸滩涂塑造了新生的土地。

1.3 气象与气候

温州市地处中亚热带季风气候区，温暖湿润，四季分明，雨量丰沛，日照充足，无霜期长。常年平均气温为17.3～19.4℃，南部高于北

注：本书计算数据或因四舍五入原则，存在微小数值偏差。

部。冬季处于西伯利亚冷高压控制下，盛行偏北风，天气以晴冷为主。春季冷高压势力开始减弱，西太平洋副热带高压势力逐渐增强北进，锋面、气旋活动频繁，风速较大，风向多变，天气开始转暖，降水增多，形成春雨。春末夏初冷热气团势力相当，形成静止锋，产生连绵降雨天气，俗称梅雨。夏季由于受西太平洋副热带高压控制，盛行偏南风，天气炎热，降水较少。夏秋之交，除局部有雷阵雨外，一般以晴热为主，但台风侵袭时，会带来大量降水，并伴有狂风，常造成严重洪涝灾害。

温州市多年平均降水量为 1 113～2 494 毫米，从沿海至山区递增 1 225～3 000 毫米。降水量的年际变化最大值与最小值之比可达 2.65～2.92，降水量年内变化呈双峰型。有两个相对雨季和两个相对旱季，第一个雨季在 3—6 月，降水量常年为 758.9 毫米，占常年降水量的 41.2%（春雨占 15.6%，梅雨占 25.6%）。第二个雨季在 8 月上旬至 9 月底，降水量为 534.6 毫米，占常年降水量的 29%。

温州市年平均蒸发量为 798～1 018 毫米，沿海平原受海风影响，蒸发量略大于山区。全市各县年日照数为 1 442～2 264 小时，无霜期为 241～326 天。

1.4 暴雨

1.4.1 风暴雨

台风是洋面上形成的气旋性涡旋，其行进路径、登陆地点与副高位置（500 米 b 形势图）及台风强弱有关。温州市地处浙南沿海，经常遭受台风袭击。2004 年第 14 号台风“云娜”于 8 月 12 日 20 时在温岭市石塘镇登陆，受其影响，温州市普降特大暴雨，过程雨量（三天）最大为乐清砩头站 906.5 毫米，1 小时最大降雨量为 95.6 毫米，3 小时最大降雨量为 209.6 毫米，6 小时最大降雨量为 368.3 毫米，12 小时最大降雨量为 661.8 毫米，24 小时最大降雨量为 874.7 毫米，一日最大降雨量为 874.7 毫米，均超过本站实测最大值，其中 12 小时、24 小时、一日、三日降雨量均超过浙江历史实测最大点暴雨记录，给温州市造成了重大损失。2013 年第 23 号强台风"菲特"于 10 月 7 日 01 时 15 分在福建省福鼎市沙埕镇沿海登陆，受其影响，温州市普降特大暴雨，暴雨中心出现在戍浦江、瑞安、鳌江和矾山等片区。"菲特"台风影响期间(10 月 6 日 8 时至 8 日 8 时)，全市面平均降雨量为 251 毫米，最大的为瑞安市 361 毫米，其次分别为瓯海区 344 毫米、鹿城区 278 毫米。单站过程雨量最大为瑞安市十亩水库 497.0 毫米，其次分别为乐清市砩头站 485 毫米、瑞安市岩头站 484 毫米、瓯海区泽雅水库站 476 毫米、瑞安市瑞安站 468.5 毫米。单站过程雨量超过 400 毫米的有 35 站，超过 300 毫米的有 76 站。其中，瑞安站最大 24 小时降水量为 460.5 毫米，接近二百年一遇；岩头站最大 24 小时降水量为 483.5 毫米，接近百年一遇；泽雅水库站过程雨量为 481.3 毫米，经调查遥测雨量为 476.0 毫米，经分析最大 24 小时降雨量为 470.3 毫米，接近五十年一遇；鳌江站最大 24 小时降雨量为323.5毫米，接近五十年一遇。台风登陆期间，恰逢天文大潮时间，鳌江站监测到最高潮位 5.22 米，系有观测记录以来最高值，达百年一遇。"菲特"台风使温州部分地区严重内涝，造成了重大损失。

1.4.2 锋面暴雨

春末夏初，西北低槽活动频繁，引导冷空气分股南下，与西南偏南季风带来的暖湿空气相遇即可产生降雨。从浙南开始降雨，雨带逐步向北推进，从 6 月上旬至 7 月上旬，江南地区冷暖空气交汇，极锋又在这一带活动，常形成东南—西北走向的地面静止锋，高空切变线与之对应，当高空低槽沿切变线东移时，诱导低涡及地面气旋发生、发展，常出现持续性的暴雨天气，即“梅雨暴雨”。

1.4.3 东风波暴雨

在副热带高压南侧的高压带里，受到扰动后产生的波动俗称东风波，形成倒V形低压槽区，槽线呈东北—西南向，槽西部为东北风，东部为东南风，在东风气流的引导下自东北向西传播，这种波动发展深厚时也会产生大暴雨。1999年9月4日，温州市北部地区遭受东风波暴雨袭击，温州海坦山气象站1小时降雨量为137.6毫米、3小时降雨量为317.8毫米、6小时降雨量为378.0毫米、24小时降雨量为404.7毫米，造成了人员伤亡和较大的经济损失。

1.4.4 强对流暴雨

强对流暴雨在温州市域内时有发生，其特点是历时较短，一般在3小时左右，范围很小，最大1小时降雨量常在100毫米左右，最大3小时点降雨量为150～200毫米，常造成小流域山洪灾害和山体滑坡、泥石流等地质灾害。

1.5 河流水系

温州主要江河有瓯江、飞云江和鳌江，独流入海的河流有乐清湾、大渔湾、沿浦湾三个水系，入闽水系有苍南的矾山溪和泰顺的彭溪、会甲溪、仕阳溪、寿泰溪等，沿海平原人工河网主要有乐清塘河、温瑞塘河、瑞平塘河、鳌江塘河、南港等内河水网。

1.5.1 瓯江

瓯江干流全长388公里，流域面积为17 859平方公里，其中温州段干流长78公里，流域面积为4 066平方公里。瓯江上游下至青田温溪属山溪性河流，温溪以下至河口属感潮河段，江心屿处实测最高水位5.55米，实测最低水位－3.08米，实测最大潮差7.09米。瓯江下游温州段一级支流中，流域面积在100平方公里以上的有菇溪、西溪、戍浦江、楠溪江4条。瓯江下游左岸永乐平原河网有乐琯塘河、乌牛河道、罗溪河道、瓯北河道注入瓯江，右岸有温瑞塘河、永强塘河、灵昆塘河、七都河道注入瓯江。楠溪江是瓯江下游最大支流，干流全长139.92公里，流域面积为2 490平方公里。

1.5.2 飞云江

飞云江发源于泰顺与景宁交界的白云尖西北坡，在瑞安市上望街道新村入东海，全长198.7公里，流域面积为3 713.9平方公里。飞云江河口属强潮流区，每天涨落潮两次，最大潮差6.39米，潮流挟带海域来水量十分丰富。

飞云江下游是海积成陆滨海平原，江北为温瑞塘河水系，江南为瑞平塘河水系，均建有中型水闸，泄洪排涝入江。

飞云江支流流域面积在100平方公里以上的有司前溪、洪口溪、莒江溪、峃作口溪、泗溪、玉泉溪、高楼溪、金潮港8条。

1.5.3 鳌江

鳌江主流发源于南雁荡山脉的吴地山麓，干流自西向东经顺溪、詹家埠至河口新美洲注入东海，干流长82公里，流域面积为1 542平方公里。鳌江支流有11条，其中集雨面积在20～50平方公里的支流有石柱溪、坳下溪、岳溪、青街溪、南雁溪、闹村溪、凤卧溪7条，80～100平方公里的支流有怀溪、带溪、梅溪3条，700平方公里以上的有横阳支江。

横阳支江是鳌江右岸最大支流，纵贯苍南县中部全境，发源于泰顺县泗溪镇湾头村，干流全长60.5公里，流域面积为383平方公里。上游河源至桥墩水库河长22.3公里，桥墩至灵溪为中游河段，河长17.5公里，以上为山溪性河溪，灵溪以下至朱家站河口，原是感潮河流，河长20.7公里，河流左岸为江西垟平原，右岸为江南垟平原。

1.6 水文水资源

1.6.1 多年平均降雨量

温州市现有91个国家基本雨量站点，50年以上连续资料站点有43个，40～50年连续资料站点有22个，其余站点均有30年以上连续观测资料。本文对所选用的个别存在停测或缺测雨量站，均进行了插补。插补方法采用邻站线性相关法或算术平均法，插补展延缺测或系列不够的年份。所选站资料年限均有丰、平、枯降水年份，能反映当地多年降水情况，可以作为温州地区面雨量分析站。经计算，温州市多年面平均降雨量为1 843.3毫米，见表1.1、表1.2、表1.3。

表1.1 温州市各县(市)多年面平均降雨量月统计表

单位:毫米

月份	地区									
	温州市	市区	洞头区	乐清市	瑞安市	永嘉县	文成县	平阳县	泰顺县	苍南县
1月	59.0	56.6	49.4	57.5	57.4	58.6	56.1	58.9	64.0	61.5
2月	87.7	86.5	77.0	79.4	87.1	82.7	87.6	89.4	100.3	90.5

续表

月份	地区									
	温州市	市区	洞头区	乐清市	瑞安市	永嘉县	文成县	平阳县	泰顺县	苍南县
3月	138.9	136.1	113.8	126.9	137.2	132.4	142.1	140.1	159.6	139.9
4月	155.2	153.9	130.7	141.9	155.1	150.5	163.4	153.0	176.6	150.2
5月	209.9	204.6	165.7	195.9	207.1	194.0	220.8	214.3	245.9	207.4
6月	254.9	250.5	170.1	233.9	249.9	262.0	264.1	247.7	287.6	242.2
7月	199.8	183.7	80.6	187.7	191.8	218.5	214.7	192.9	221.5	181.5
8月	294.0	274.1	137.2	302.7	284.2	316.0	297.9	285.4	307.5	291.6
9月	240.6	230.8	136.2	234.4	235.5	227.7	236.9	255.2	245.4	275.5
10月	88.8	92.8	62.1	86.3	95.4	83.1	82.3	97.3	90.0	94.1
11月	64.9	65.5	61.0	67.7	66.1	61.1	60.3	68.7	64.7	69.2
12月	49.5	48.0	43.9	49.2	48.1	47.0	46.1	51.3	52.0	53.9
合计	1 843.3	1 783.1	1 227.7	1 763.4	1 814.7	1 833.9	1 872.5	1 854.1	2 015.0	1 856.9

表 1.2 温州市各流域分区降水量统计特征值

流域四级分区	统计参数			不同频率年降水量(毫米)			
	均值(毫米)	Cv	Cs/Cv	20%	50%	75%	95%
永安溪	1 865.3	0.18	2.0	2 145.0	1 828.0	1 622.8	1 380.3
温黄平原及永宁江	1 977.7	0.24	2.0	2 353.5	1 918.4	1 641.5	1 305.3
小溪及瓯江青田段	1 971.1	0.17	2.0	2 247.0	1 931.7	1 734.6	1 478.3
楠溪江	1 806.0	0.19	2.0	2 076.9	1 769.9	1 553.1	1 300.3
瓯江下游干流	1 737.8	0.19	2.0	1 998.4	1 703.0	1 494.5	1 251.2
飞云江	1 896.1	0.18	2.0	2 180.5	1 858.2	1 649.6	1 403.1
鳌江	1 859.7	0.2	2.0	2 157.3	1 822.5	1 599.4	1 320.4
闽东诸河	2 017.7	0.18	2.0	2 320.3	1 977.3	1 755.4	1 493.1
全市平均	1 843.3	0.18	2.0	2 119.8	1 806.4	1 603.7	1 364.0

注:Cv 为变差系数,Cs 为偏差系数。

表 1.3 温州市各行政分区降水量统计特征值

行政分区	统计参数			不同频率年降水量(毫米)			
	均值(毫米)	Cv	Cs/Cv	20%	50%	75%	95%
温州市区	1 783.1	0.19	2.0	2 040.7	1 739.0	1 526.1	1 277.6
洞头区	1 227.7	0.23	2.0	1 461.0	1 190.9	1 019.0	810.3
乐清市	1 763.4	0.21	2.0	2 063.2	1 728.1	1 498.9	1 234.4
瑞安市	1 814.7	0.18	2.0	2 086.9	1 778.4	1 578.8	1 342.9
永嘉县	1 833.9	0.19	2.0	2 109.0	1 797.2	1 577.2	1 320.4
文成县	1 872.5	0.17	2.0	2 134.7	1 835.1	1 647.8	1 404.4
平阳县	1 854.1	0.2	2.0	2 150.8	1 817.0	1 594.5	1 316.4
泰顺县	2 015.0	0.17	2.0	2 297.1	1 974.7	1 773.2	1 511.3
苍南县	1 856.9	0.19	2.0	2 135.4	1 819.8	1 596.9	1 337.0
温州市	1 843.3	0.18	2.0	2 119.8	1 806.4	1 603.7	1 364.0

注:Cv 为变差系数,Cs 为偏差系数。

1.6.2 水资源量

温州市多年平均水资源量为 137.772 8 亿立方米,多年平均地表水资源量为135.587 3 亿立方米,多年平均地下水资源量为 26.394 5 亿立方米,其中地表水和地下水重复计算量为 24.208 9 亿立方米,地表水和地下水不重复计算量为 2.185 5 亿立方米。

1.6.3 水资源特点

(1) 单位面积水资源量较丰,人均拥有水资源量较少

全市多年平均水资源量为 135.82 亿立方米,单位面积水资源量为 115.3 万立方米/平方公里,居全省前列。但人均拥有水资源量仅为 1 540 立方米,低于全省平均值。

(2) 年内分配不均匀

温州地处典型的中亚热带季风气候区,降雨的季节变化十分明

显，每年降雨主要集中在春夏之间的梅雨期和夏秋之间的台风雨期，连续最大降雨量占全年降雨量的50%～60%。由于降雨集中，绝大部分产流以洪水径流的形式注入大海，能够控制利用的量较少。

(3) 水资源与土地资源和人口分布不匹配

温州市水资源量的分布与耕地、人口分布不匹配，沿海平原地区人口稠密，经济发达，人均水资源量较少；西南部山区人口稀疏，经济相对滞后，人均水资源量丰富。

(4) 河流源短，入海河流感潮段长，水资源利用率低

由于河流源短，枯水期径流量小，多数河流枯水期可供水量少。温州市位于我国强潮海区，3条主要入海河流受潮汐影响的河段长度占总河长的比值平均为38%，瓯江感潮河段长达70公里，由于潮差大，潮区界距离长，影响了淡水资源的利用。

(5) 水的污染加重了水资源的供需矛盾

温州经济快速发展的同时，水环境的污染也变得十分严重。20世纪70年代后期，全市江河水体尚能保持天然水质；80年代，随着工业的发展，特别是乡镇工业的迅速发展，废污水未能有效治理，河流水体污染严重。近年来，通过实施“五水共治”、剿灭劣Ⅴ类水和建设美丽浙南水乡等工程，全市各河流水质得到很大改善，水体的污染程度降低，部分缓解了水资源的供需矛盾。

2

历年暴雨台风

2.1 1990年12号台风

2.1.1 台风路径及登陆地点

1990年12号台风于8月9日12时生成于菲律宾以东海面，为热带低气压；8月14日12时，发展为热带风暴，风力8级，最大风速20米/秒；8月16日12时，发展为台风，风力12级，最大风速33米/秒；8月17日18时，发展为强台风，风力14级，最大风速43米/秒。8月19日6时，登陆于中国台湾北部乌石渔港，横穿台北市后进入台湾海峡，朝西偏南移动；于8月20日0时在福建莆田登陆，风力11级，最大风速30米/秒。登陆后强度减弱，8月22日12时停止编号。

2.1.2 雨情

1990年8月17日8时至8月22日8时，全市面平均降雨量268.4毫米，各县(市、区)面平均降雨量较大的有泰顺县396.1毫米、文成县331.5毫米、瑞安市254.4毫米、苍南县247.7毫米。较大降雨量站点为苍南县矾山站542.0毫米、泰顺县峰文站540.3毫米、泰顺县外垟站508.8毫米、平阳县吴垟站478.1毫米，见图2.1。

2.1.3 潮位

台风影响期间，三大江最高潮位：瓯江温州站20日21时45分最高潮位4.44米，超警戒水位0.44米，龙湾站20日21时30分最高潮

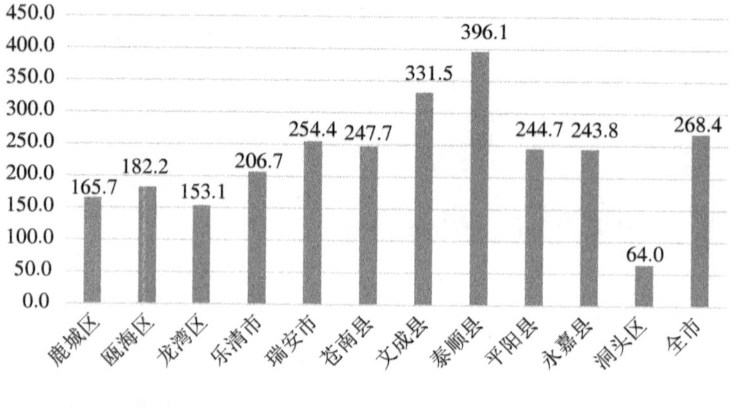

图 2.1　台风期间各县(市、区)雨平均降雨量柱状图(单位:毫米)

位 3.92 米;飞云江瑞安站 20 日 21 时 19 分最高潮位 3.83 米;鳌江鳌江站 19 日 21 时 00 分最高潮位 4.04 米,超警戒水位 0.19 米。

2.1.4　河网水位

台风影响期间,全市江河水情多处超警戒:埭头站 20 日 15 时 12 分最高水位 16.96 米,超保证水位 1.66 米,最大流量 2 230 立方米/秒;岀口站 20 日 18 时 30 分最高水位 37.50 米,超保证水位 9.50 米,最大流量 12 500 立方米/秒;石柱站 20 日 18 时 30 分最高水位 24.44 米,超警戒水位 0.24 米,最大流量 2 700 立方米/秒。

2.1.5　灾情

据统计,全市受灾乡镇 338 个、行政村 3 503 个,受灾人口 262.8 万人,成灾人口 115.17 万人,被洪水围困一天以上的有 47.57 万人,无家可归的有 2.78 万人,死 78 人,重伤 414 人,受灾农田 116.22 万亩(1 亩≈666.7 平方米),成灾 66.1 万亩,绝收 6.23 万亩,粮食减产 8 444万公斤,存粮损失2 841 万公斤,倒塌房屋或被洪水冲毁 20 163

间，建筑面积63.19万平方米，损坏房层27 177间，建筑面积81.75万平方米，被冲走大牲畜5 374头。台风毁坏防洪堤1 396处，长20公里，海塘308处，长20.8公里；毁坏山塘23座、渠道239公里、渡槽29条、堰坝303条、水闸40座、小水电站56座、桥梁99座；冲坏公路1 030公里、涵洞341个；通信线路倒杆2 525支，计391公里，广播线路倒杆578支，计123公里，输电线路倒杆2 810支，计103公里；毁坏船只190只。直接经济损失4.68亿元。

2.2 1990年18号台风

2.2.1 台风路径及登陆地点

1990年18号台风于9月2日6时生成于菲律宾以东海面，为热带低气压；9月4日18时，发展为热带风暴，风力8级，最大风速20米/秒；9月6日0时，发展为台风，风力12级，最大风速33米/秒；9月7日18时，登陆于中国台湾北部，横穿云林县后进入台湾海峡，朝西方向移动；于9月8日6时在福建厦门登陆，风力12级，最大风速35米/秒。登陆后强度减弱，9月9日6时停止编号。

2.2.2 雨情

1990年9月7日8时至9月9日8时，全市面平均降雨量250.8毫米，各县(市、区)面平均降雨量较大的有文成县319.5毫米、泰顺县297.9毫米、瑞安市274.2毫米、平阳县273.9毫米。较大降雨量站点为平阳县吴垟站514.0毫米、泰顺县富垟站495.1毫米、平阳县朝阳站468.5毫米、泰顺县峰文站418.0毫米，见图2.2。

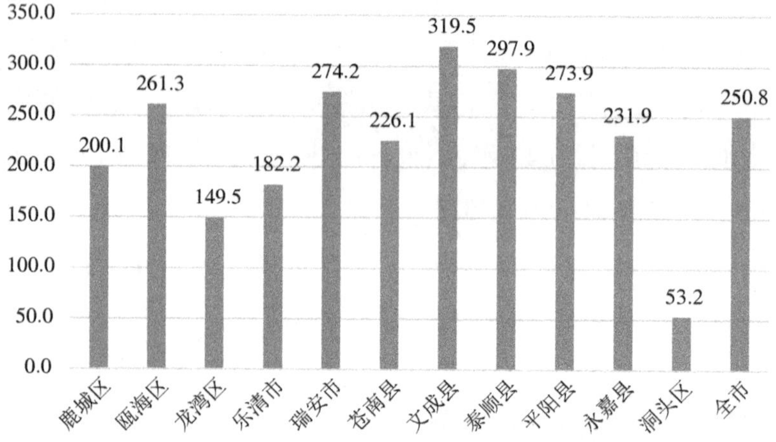

图 2.2　台风期间各县(市、区)面平均降雨量柱状图(单位:毫米)

2.2.3　潮位

台风影响期间,瓯江温州站 8 日 12 时 00 分最高潮位 4.53 米,超警戒水位 0.53 米,龙湾站 8 日 11 时 00 分最高潮位 4.08 米,超警戒水位 0.13 米;飞云江瑞安站 8 日 10 时 37 分最高潮位 4.19 米,超警戒水位 0.34 米;鳌江鳌江站 8 日 10 时 32 分最高潮位 4.07 米,超警戒水位 0.22 米。

2.2.4　河网水位

台风影响期间,全市江河水情多处超警戒:埭头站 9 日 01 时 48 分最高水位 17.20 米,超保证水位 1.90 米,最大流量 2 660 立方米/秒;峃口站 9 日 06 时 00 分最高水位 31.48 米,超保证水位 3.48 米,最大流量 4 980 立方米/秒;石柱站 8 日 20 时 00 分最高水位 25.26 米,超警戒水位 1.06 米,最大流量 3 410 立方米/秒。

2.3 1994年17号台风

2.3.1 台风路径及登陆地点

1994年17号台风于8月12日0时生成于菲律宾以东海面，为热带低气压；8月15日6时，发展为热带风暴，风力8级，最大风速20米/秒；8月16日12时，发展为台风，风力12级，最大风速33米/秒；8月17日6时，发展为强台风，风力14级，最大风速43米/秒；8月18日6时，发展为超强台风，风力16级，最大风速51米/秒。8月20日12时，台风位于中国台湾北部海域，方向由北转为西北，强度有所减弱，并于8月21日22:30分在温州瑞安梅头（今龙湾区）登陆，登陆时风力14级，最大风速46米/秒，于8月22日1时进入丽水地区。

2.3.2 雨情

1994年8月20日8时至8月23日8时，全市面平均降雨量240.0毫米，各县（市、区）面平均降雨量较大的有乐清市316.8毫米、永嘉县292.1毫米、瑞安市278.1毫米、龙湾区273.1毫米。较大降雨量站点为乐清市砩头站675.6毫米、永嘉县中保站556.0毫米、乐清市李家山站543.0毫米、乐清市叶山站510.9毫米，见图2.3。

2.3.3 潮位

台风影响期间，瓯江温州站21日23时30分最高潮位5.55米，超警戒水位1.55米，超五十年一遇，为历史最高值；飞云江瑞安站21日23时03分最高潮位5.02米，为历史最高值，超警戒水位1.17米；鳌江鳌江站21日23时10分最高潮位4.64米，超警戒水位0.79米。

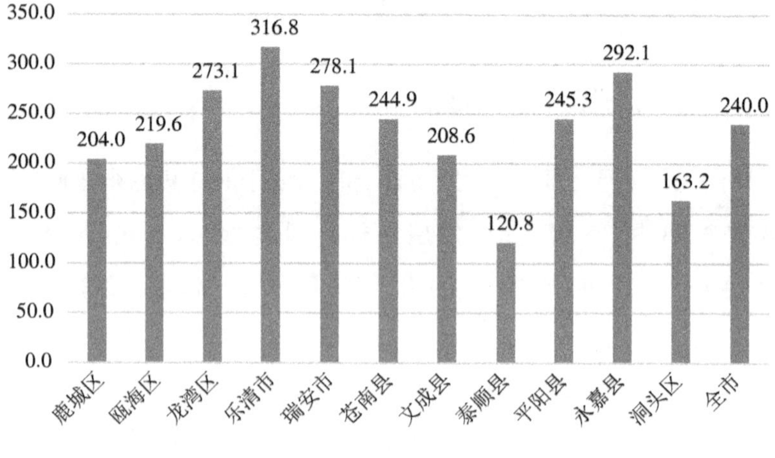

图 2.3 台风期间各县(市、区)面平均降雨量柱状图(单位:毫米)

2.3.4 河网水位

台风影响期间,全市江河水情多处超警戒:乐清站 22 日 00 时最高水位 4.37 米,超保证水位 0.67 米;平阳站 22 日 08 时最高水位 3.71米,超保证水位 0.11 米;埭头站 22 日 01 时 42 分最高水位 17.33 米,超保证水位 2.03 米,最大流量 2 500 立方米/秒;峃口站 22 日 08 时 00 分最高水位28.59 米,超保证水位 0.59 米,最大流量 2 780 立方米/秒;石柱站 22 日 02 时 30 分最高水位 28.01 米,超保证水位 1.81 米,最大流量 5 190 立方米/秒。

2.3.5 灾情

据统计,全市受灾乡镇 306 个,受灾村庄 5 601 个,受灾人口 534.18 万人,被洪水围困人口 181.7 万人,死亡 1 123 人;直接经济损失 91.4 亿元,其中社会经济损失 15.9 亿元,农业经济损失 27 亿元,工业交通经济损失 43.6 亿元,水利经济损失 4.9 亿元。

2.4 1999年“9·4”号暴雨

2.4.1 雨情

1999年9月2日8时至9月5日8时，全市面平均降雨量134.7毫米，各县(市、区)面平均降雨量较大的有鹿城区327.9毫米、瓯海区264.9毫米、瑞安市221.8毫米、永嘉县179.7毫米。较大降雨量站点为永嘉县朱涂站376.5毫米、瓯海区西山站336.6毫米、瓯海区泽雅站334.4毫米、平阳县南雁站310.0毫米，见图2.4。

全市暴雨极值情况：永嘉县黄坑站9月4日1小时降雨量116.6毫米，接近百年一遇；永嘉县上塘站9月4日1小时降雨量105.9毫米，超五十年一遇，3小时降雨量208.2毫米，百年一遇；永嘉县朱涂站9月3日一日降雨量347.1毫米，接近百年一遇。瓯海区西山站一日降雨量314.2毫米，达三十年一遇。温州海坦山气象站1小时降雨量为137.6毫米，3小时降雨量为317.8毫米，6小时降雨量为378.0毫米，24小时降雨量为404.7毫米。

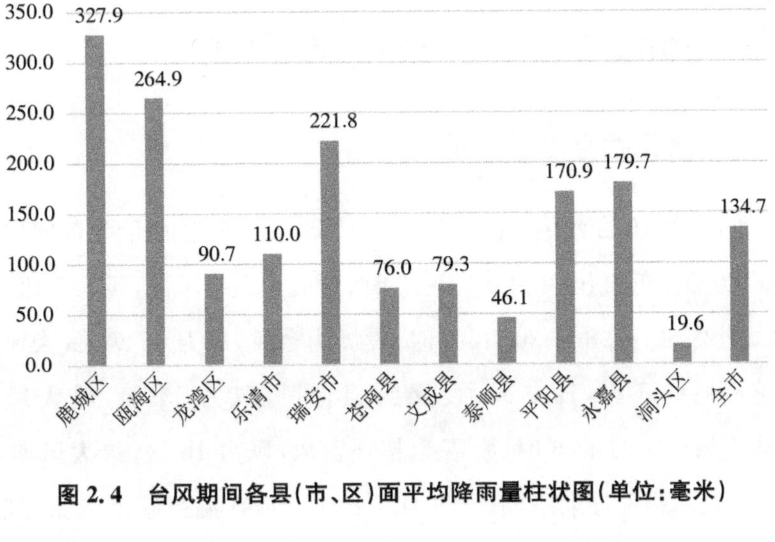

图2.4　台风期间各县(市、区)面平均降雨量柱状图(单位：毫米)

2.4.2 潮位

暴雨影响期间，瓯江温州站 2 日 14 时 35 分最高潮位 3.05 米，龙湾站 2 日 13 时 50 分最高潮位 2.71 米；飞云江瑞安站 2 日 14 时 00 分最高潮位 2.69 米；鳌江鳌江站 2 日 13 时 55 分最高潮位 2.65 米。

2.4.3 河网水位

暴雨影响期间，全市江河水情多处超警戒：埭头站 4 日 01 时 00 分最高水位 15.31 米，超保证水位 0.01 米，最大流量 713 立方米/秒；石柱站 4 日 12 时 30 分最高水位 26.55 米，超保证水位 0.35 米，最大流量 4 830 立方米/秒。

2.4.4 灾情

据统计，全市此次 158 个乡镇、2 012 个村庄受灾，受灾人口达 302 万人，死亡人数 149 人，受伤 2 874 人，直接经济损失 29.58 亿元。

2.5 2002 年 16 号"森拉克"台风

2.5.1 台风路径及登陆地点

2002 年 16 号台风"森拉克"于 8 月 28 日 6 时生成于菲律宾以东海面，为热带低气压；8 月 29 日 12 时，发展为热带风暴，风力 9 级，最大风速 23 米/秒；8 月 30 日 12 时，发展为台风，风力 12 级，最大风速 35 米/秒；8 月 31 日 0 时，发展为强台风，风力 14 级，最大风速 46 米/秒；8 月 31 日 6 时，发展为超强台风，风力 16 级，最大风速 56 米/秒，之后强度逐渐减弱；于 9 月 7 日 12 时，在温州苍南渔寮登陆，风力 12 级，最大风速 33 米/秒，于 9 月 7 日 12 时进入福建地区。

2.5.2 雨情

2002 年 9 月 7 日 8 时至 9 月 8 日 8 时，全市面平均降雨量 157.7 毫米，各县(市、区)面平均降雨量较大的有苍南县 238.6 毫米、平阳县 177.2 毫米、瑞安市 171.2 毫米、乐清市 165.7 毫米。较大降雨量站点为苍南县昌禅站 422.2 毫米、苍南县矾山站 361.2 毫米、苍南县后坑站 358.9 毫米、苍南县宅内站 355.7 毫米，见图 2.5。

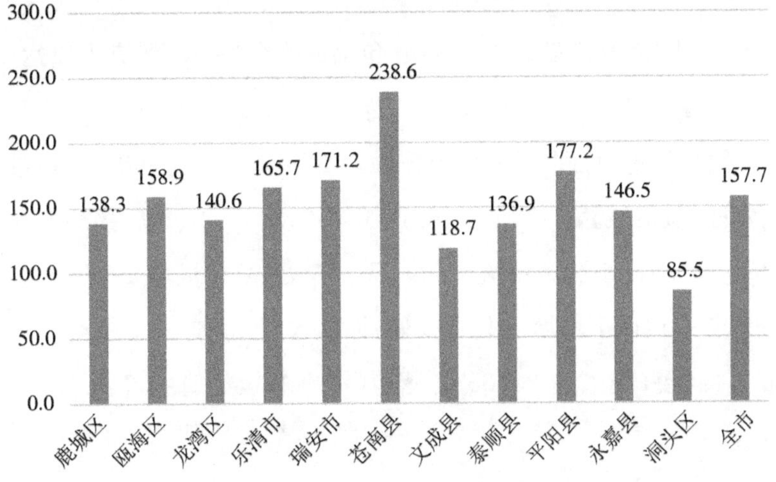

图 2.5　台风期间各县(市、区)面平均降雨量柱状图(单位:毫米)

2.5.3 潮位

台风影响期间，瓯江温州站 7 日 22 时 05 分最高潮位 4.77 米，超警戒水位 0.77 米，为三大江最高潮位，龙湾站 7 日 21 时 35 分最高潮位 4.70 米，超警戒水位 0.75 米；飞云江瑞安站 7 日 21 时 10 分最高潮位 4.82 米，超警戒水位 0.97 米；鳌江鳌江站 7 日 21 时 05 分最高潮位

4.63 米，超警戒水位 0.78 米。

2.5.4 河网水位

台风影响期间，全市江河水情多处超警戒：埭头站 7 日 23 时 48 分最高水位 15.61 米，超保证水位 0.31 米，最大流量 1 040 立方米/秒；石柱站 8 日 01 时 24 分最高水位 24.91 米，超警戒水位 0.71 米，最大流量 2 870 立方米/秒。

2.5.5 灾情

据统计，全市共有 270 个乡镇（包括居委会）受灾，受灾人口达 521 万人，倒塌房屋 0.7 万间；农作物受灾面积 81.4 千公顷，成灾面积 49.2 千公顷，绝收面积 20.6 千公顷；毁坏公路 416 公里、输电线路 223 公里、通信线路 161 公里，停产工矿企业 18 272 家；损坏防洪堤 94.5 公里（山区小流域溪流堤防），共 489 处；决口堤塘 19.7 公里（土塘和十年一遇以下堤塘），共 163 处；损坏水闸 33 座；死亡人数 22 人，造成直接经济损失达 25.95 亿元，其中水利设施直接经济损失 1.8 亿元。

2.6 2004 年 14 号"云娜"台风

2.6.1 台风路径及登陆地点

2004 年 14 号台风"云娜"于 8 月 8 日 2 时生成于菲律宾以东海面，为热带低气压；8 月 8 日 14 时，发展为热带风暴，风力 8 级，最大风速 20 米/秒；8 月 11 日 2 时，发展为台风，风力 12 级，最大风速 33 米/秒；8 月 12 日 12 时，发展为强台风，风力 14 级，最大风速 45 米/秒；于

8月12日20时，在温岭石塘登陆，风力14级，最大风速45米/秒，经乐清后转入永嘉境内，经上塘、桥头，进入青田县。

2.6.2 雨情

2004年8月11日8时至8月14日8时，全市面平均降雨量199.7毫米，各县(市、区)面平均降雨量较大的有乐清市387.3毫米、永嘉县377.9毫米、洞头区218.1毫米、瓯海区185.1毫米，见图2.6。台风登陆前后，温州市乐清、永嘉两县普降特大暴雨。据统计，乐清(9个)、永嘉(6个)所有雨量报汛站过程雨量均达到200毫米以上，其中乐清砩头、永嘉中保达700毫米以上，福溪、淡溪、中保、石柱4站过程雨量达400毫米以上，乐清、虹桥、界坑3站过程雨量达300毫米以上。乐清市平均过程雨量达403毫米，其中乐清砩头站最大，过程雨量917毫米，达70年一遇；一日最大降雨量达873毫米(8月12日8时至13日8时)，超出浙江省实测历史24小时最大降雨量(622.5毫米，1994年8月21日)，降水频率达100年一遇；砩头站6小时最大降雨量达315毫米，超过历史实测6小时最大降雨量(270.5毫米，1994年8月21日)；永嘉县平均过程雨量达394毫米，其中永嘉中保站过程雨量达786.5毫米，是这次台风永嘉县单站过程雨量最大值，一日最大降雨量达649.8毫米(8月12日8时至13日8时)，也超出浙江省实测历史24小时最大降雨量，降水频率达80年一遇，中保站6小时最大降雨量达265毫米。

2.6.3 潮位

台风影响期间，瓯江温州站13日20时40分最高潮位3.26米，龙湾站13日20时15分最高潮位2.96米；飞云江瑞安站13日20时10分最高潮位2.95米；鳌江鳌江站13日20时50分最高潮位2.75米。

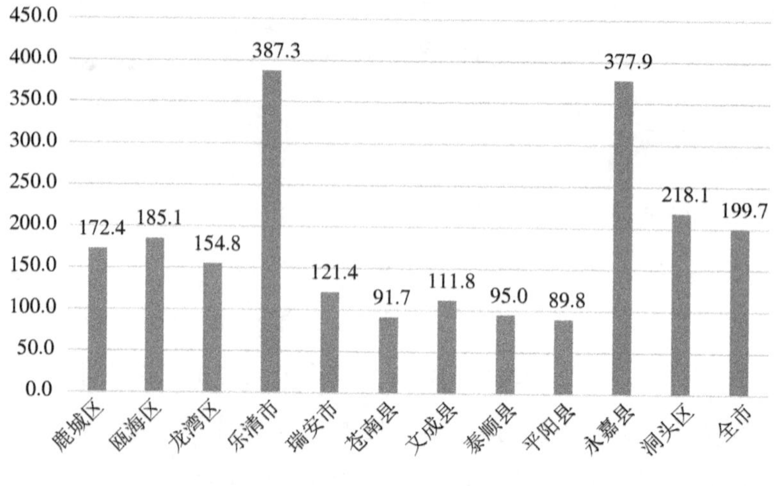

图 2.6　台风期间各县(市、区)面平均降雨量柱状图(单位:毫米)

2.6.4　河网水位

台风影响(8 月 11 日 08 时—8 月 14 日 08 时)期间,全市江河水情多处超警戒:石柱站 13 日 02 时 42 分最高水位 28.69 米,超保证水位 2.49 米,最大流量 5 470 立方米/秒。

2.6.5　灾情

据统计,全市共有 286 个乡镇受灾,受灾人口达 316.8 万人,倒塌房屋 0.863 万间;农作物受灾面积 83.437 千公顷,成灾面积 47.652 千公顷,绝收面积 13.982 千公顷;毁坏公路 259 公里、输电线路 722.6 公里、通信线路 707.35 公里;损坏堤防 1 510 处,共 215.6 公里,堤防决口 318 处,共 10.5 公里,损坏护岸 953 处、水闸 53 座、灌溉设施 665 处、水文测站 31 个、水电站 54 座,冲毁塘坝 423 座;停厂工矿企业 46 387家,全市死亡人数 65 人,失踪 6 人,直接经济损失 40.45 亿元,其中水利设施直接经济损失达 5.315 亿元。

2.7 2004年18号“艾利”台风

2.7.1 台风路径及登陆地点

2004年18号台风“艾利”于8月20日8时生成于菲律宾以东海面，为热带风暴，风力8级，最大风速18米/秒；8月25日11时，擦中国台湾北部进入台湾海峡，之后掉头往南，紧沿福建海岸线，其中三次登陆，最后在福建东山岛消失。

2.7.2 雨情

2004年8月24日8时至8月26日8时，全市面平均降雨量196.1毫米，各县(市、区)面平均降雨量较大的有瓯海区266.8毫米、瑞安市244.2毫米、泰顺县234.8毫米、文成县209.5毫米。较大降雨量站点为泰顺县峰文站369.5毫米、瑞安市宁益站354.0毫米、泰顺县外垟站353.6毫米、瓯海区泽雅站301.8毫米，见图2.7。

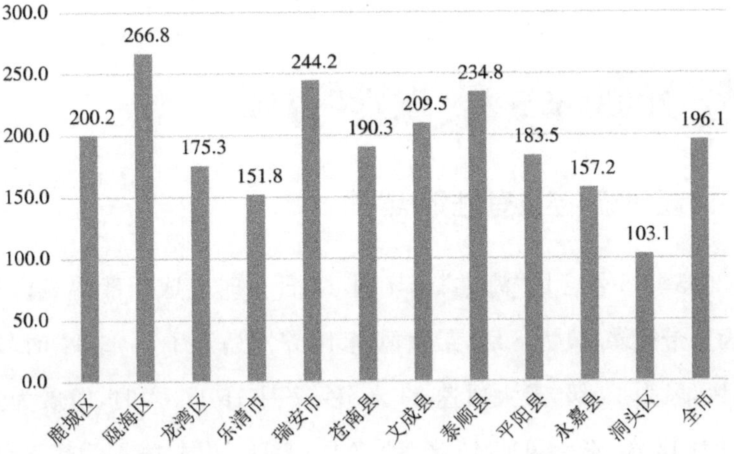

图2.7 台风期间各县(市、区)面平均降雨量柱状图(单位:毫米)

2.7.3 潮位

台风影响期间，瓯江温州站25日17时40分最高潮位3.48米，龙湾站25日17时25分最高潮位3.13米；飞云江瑞安站25日17时10分最高潮位3.17米；鳌江鳌江站25日17时20分最高潮位2.98米。

2.7.4 河网水位

台风影响期间，埭头站25日15时30分最高水位15.06米，超警戒水位1.06米，最大流量831立方米/秒。

2.7.5 灾情

据统计，全市共有269个乡镇(包括居委会)受灾，受灾人口达202.35万人，倒塌房屋0.167 4万间；农作物受灾面积54.63千公顷，成灾面积26.696千公顷，绝收面积8.768千公顷；停产工矿企业5 515家；直接经济损失16.567 3亿元。

2.8 2005年5号“海棠”台风

2.8.1 台风路径及登陆地点

2005年5号台风“海棠”于7月12日4时生成于菲律宾以东海面，为热带风暴，风力8级，最大风速18米/秒；7月14日14时，发展为台风，风力12级，最大风速33米/秒；7月15日14时，发展为强台风，风力14级，最大风速45米/秒；7月16日14时，发展为超强台风，风力16级，最大风速55米/秒；7月18日8时，在中国台湾花莲县登陆，风力16级，最大风速55米/秒，之后沿台湾海岸线往南，7月18日11时掉头出海；7月18日15时在中国台湾清水二次登陆，风力14级，最大风速45米/秒，经新竹市进入台湾海峡；7月19日17时10分在连江登陆，登陆后继续向西北方向移动。

2.8.2　雨情

2005年7月18日8时至7月21日8时，全市面平均降雨量448.6毫米，各县(市、区)面平均降雨量较大的有苍南县541.7毫米、乐清市540.9毫米、平阳县517.0毫米、瑞安市496.9毫米。较大降雨量站点为永嘉县黄坑站848.5毫米、乐清市碘头站805.3毫米、乐清市叶山站764.4毫米、苍南县矾山站757.7毫米，见图2.8。

全市暴雨极值情况：苍南县马站7月19日1小时降雨量72.9毫米，接近十年一遇。乐清市碘头站7月19日1日降雨量480.9毫米，十年一遇，3日降雨量805.3毫米。永嘉县黄坑站7月19日1日降雨量479.9毫米，十年一遇，3日降雨量848.5毫米，超历史极值。

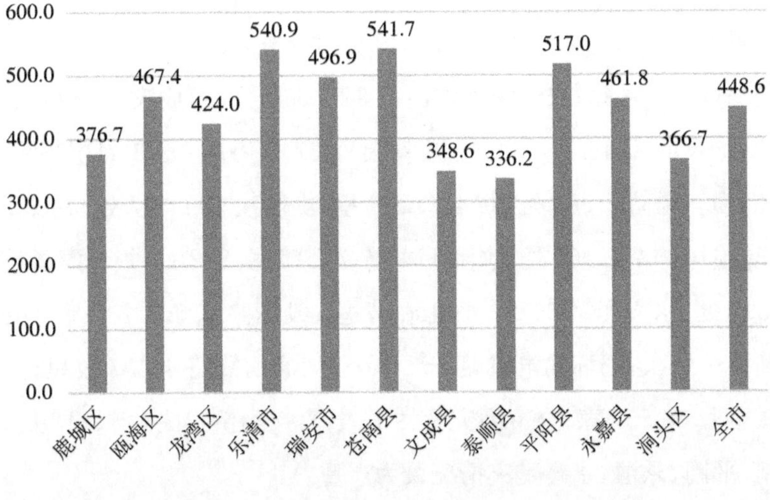

图2.8　台风期间各县(市、区)面平均降雨量柱状图(单位:毫米)

2.8.3 潮位

台风影响期间，瓯江温州站 19 日 20 时 10 分最高潮位 4.55 米，超警戒水位 0.55 米，龙湾站 19 日 19 时 50 分最高潮位 3.94 米；飞云江瑞安站 19 日 19 时 30 分最高潮位 4.10 米，超警戒水位 0.25 米；鳌江鳌江站 19 日 19 时 30 分最高潮位 3.69 米。

2.8.4 河网水位

台风影响期间，全市江河水情多处超警戒：平阳县埭头水文站 19 日 13 时 42 分最高水位 17.33 米，超保证水位 2.03 米，最大流量 2 960 立方米/秒；文成县峃口水文站 19 日 15 时 30 分最高水位 27.40 米，超警戒水位 0.40 米，最大流量 2 010 立方米/秒；永嘉县石柱水文站 20 日 08 时 30 分最高水位 28.51 米，超保证水位 2.31 米，最大流量 5 930立方米/秒。

2.8.5 灾情

据统计，全市共有 263 个乡镇(街道)受灾，受灾人口达 497 万人；倒塌房屋 5 924 间；农作物受灾面积 128.5 千公顷，成灾面积 66.9 千公顷，绝收面积 49.8 千公顷，减收粮食 37.4 万吨；水产养殖损失 30 万吨；损坏堤防 2 984 处，共 432.2 公里，堤防决口 1 367 处，共 63.13 公里，损坏护岸 2 064 处、水闸 114 座，冲毁塘坝 842 处；损坏灌溉设施 10 392 处、水文测站 29 个、水电站 67 座；毁坏路基 663.2 公里 ，公路中断 657 条次；损坏输电线路 652.5 公里、通信线路 434.7 公里；停产工矿企业 56 557 家；全市因灾死亡 1 人，直接经济损失达 78.12 亿元，苍南、平阳、乐清、永嘉受灾情况最为严重。

2.9 2005年9号“麦莎”台风

2.9.1 台风路径及登陆地点

2005年9号台风“麦莎”于7月31日20时生成于菲律宾以东海面，为热带风暴，风力8级，最大风速18米/秒；8月3日2时，发展为台风，风力12级，最大风速33米/秒；8月4日18时，发展为强台风，风力14级，最大风速45米/秒。8月6日4时，在台州玉环登陆，风力14级，最大风速45米/秒，登陆后强度减弱，于6日5时进入温州乐清境内，风力13级，最大风速40米/秒，后继续向西北方向移动，8月6日11时进入台州仙居。

2.9.2 雨情

2005年8月4日8时至8月7日8时，全市面平均降雨量145.3毫米，各县(市、区)面平均降雨量较大的有乐清市402.0毫米、永嘉县280.6毫米、洞头区177.7毫米、龙湾区126.8毫米。较大降雨量站点为乐清市山岙头站639.9毫米、乐清市砩头站635.5毫米、永嘉县中保站613.6毫米、乐清市叶山站606.2毫米，见图2.9。

2.9.3 潮位

台风影响(8月4日08时—8月7日08时)期间，全市江河水情多处超警戒：石柱站6日12时00分最高水位27.49米，超保证水位1.29米，最大流量4 920立方米/秒。

2.9.4 河网水位

台风影响期间，瓯江温州站6日23时10分最高潮位3.81米，龙

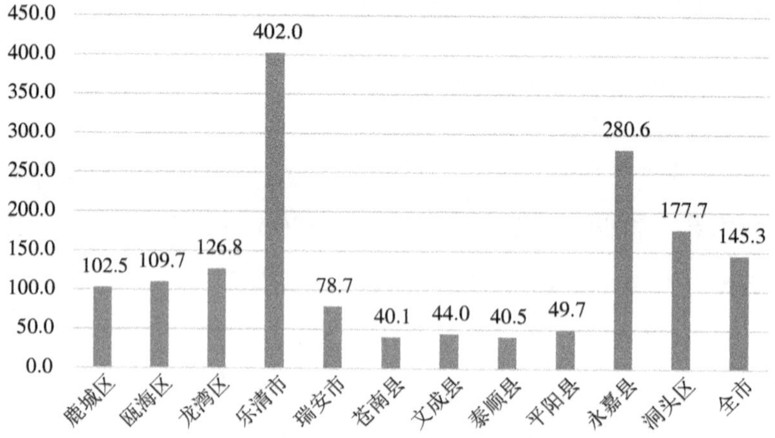

图 2.9　台风期间各县(市、区)面平均降雨量柱状图(单位:毫米)

湾站 5 日 22 时 50 分最高潮位 3.67 米;飞云江瑞安站 6 日 22 时 45 分最高潮位 3.40 米;鳌江鳌江站 6 日 22 时 35 分最高潮位 3.18 米。

2.9.5　灾情

据统计,全市共有 292 个乡镇(街道)受灾,受灾人口达 300 万人;倒塌房屋 3 153 间;农作物受灾面积 69.7 千公顷,成灾面积 20.487千公顷,绝收面积 10.9 千公顷,减收粮食 16.1 万吨;损坏堤防 738 处,共 177 公里,堤防决口 52 处,共 3.96 公里,损坏护岸 348 处、水闸 33 座,冲毁塘坝 30 处,损坏灌溉设施 816 处,损坏水文测站 17 个,损坏水电站 62 座,公路中断 29 条次,毁坏路基 32 公里,损坏输电线路 304 公里,损坏通信线路 322 公里;停产工矿企业 12 703 家;全市因灾死亡 4 人,直接经济损失达 26.58 亿元,乐清、永嘉受灾情况最为严重。

2.10 2005年13号“泰利”台风

2.10.1 台风路径及登陆地点

2005年13号台风“泰利”于8月27日8时生成于菲律宾以东海面，为热带风暴，风力8级，最大风速18米/秒；8月28日14时，发展为台风，风力12级，最大风速33米/秒；8月30日20时，发展为超强台风，风力16级，最大风速55米/秒。9月1日1时，在中国台湾花莲县登陆，风力16级，最大风速55米/秒，登陆后强度减弱。9月1日8时，出海进入台湾海峡，于1日15时在福建莆田平海镇登陆，风力12级，最大风速35米/秒，后继续向西北方向移动。

2.10.2 雨情

2005年8月31日8时至9月2日8时，全市面平均降雨量167.3毫米，各县(市、区)面平均降雨量较大的有文成县361.1毫米、泰顺县349.0毫米、平阳县192.7毫米、苍南县124.9毫米。较大降雨量站点有泰顺县外垟站537.1毫米、平阳县朝阳站513.7毫米、泰顺县富垟站430.5毫米、泰顺县夏炉站421.4毫米，见图2.10。

2.10.3 潮位

台风影响期间，瓯江温州站1日21时30分最高潮位3.84米，龙湾站1日20时50分最高潮位3.43米；飞云江瑞安站1日20时40分最高潮位3.38米；鳌江鳌江站1日20时30分最高潮位3.28米。

2.10.4 河网水位

台风影响期间，全市江河水情多处超警戒：平阳县埭头站1日22

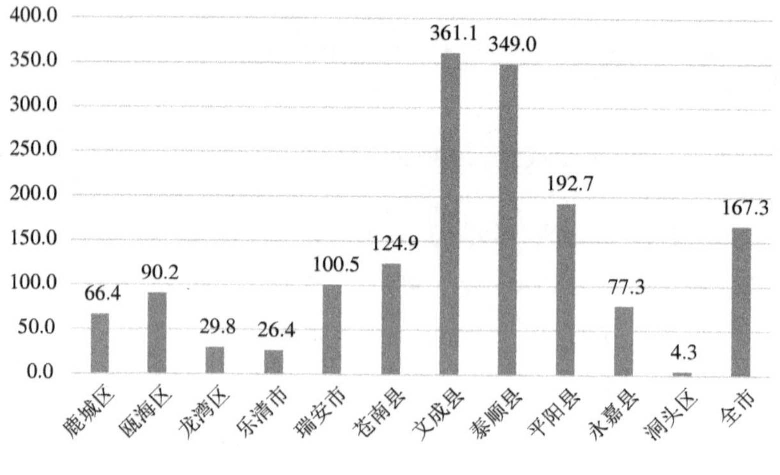

图 2.10　台风期间各县(市、区)面平均降雨量柱状图(单位:毫米)

时 18 分最高水位 17.92 米,超保证水位 2.62 米,最大流量 3 680 立方米/秒;文成县峃口站 1 日 23 时 00 分最高水位 29.86 米,超保证水位 1.86 米,最大流量 3 650 立方米/秒。

2.10.5　灾情

据统计,全市交通、电力、水利等基础设施遭受严重损失。56 省道、57 省道、58 省道、文青公路、文泰公路因山体塌方全线中断,其中 56 省道 3 座桥梁被冲毁。文成县峃口、巨屿、石垟和泰顺仕阳、平阳水头等地受淹严重。文成、泰顺大部分地区电力、交通、电信中断,小流域堤防受损严重。全市共有 208 个乡镇(街道)受灾,受灾人口达 152.5 万人;倒塌房屋 2 921 间;农作物受灾面积 36.4 千公顷,成灾面积 22.8 千公顷,绝收面积 3.0 千公顷,减收粮食 11 万吨;水产养殖损失 0.767 万吨;损坏堤防 1 027 处,共 48.5 公里,堤防决口 194 处,共 13.0 公里,损坏护岸 2 033 处、水闸 7 座,冲毁塘坝 308 处,损坏灌溉设施6 819 处,损坏水文测站 17 个,损坏水电站 133 座,公路中断 90

条次,毁坏路基 497 公里,损坏输电线路 432 公里,损坏通信线路 255 公里;停产工矿企业 3 212 家;全市因灾死亡 3 人,失踪 10 人。直接经济损失达 26.11 亿元,其中文成、泰顺受灾最为严重。

2.11 2006 年 4 号“碧利斯”台风

2.11.1 台风路径及登陆地点

2006 年 4 号台风“碧利斯”于 7 月 9 日 14 时生成于菲律宾以东海面,为热带风暴,风力 8 级,最大风速 18 米/秒;7 月 11 日 14 时,发展为强热带风暴,风力 10 级,最大风速 25 米/秒;7 月 12 日 11 时,强度进一步加强,风力 11 级,最大风速 30 米/秒;7 月 14 日 0 时,在中国台湾梗枋渔港登陆,风力 11 级,最大风速 30 米/秒。7 月 14 日 1 时,出海进入台湾海峡,于 14 日 15 时在福建宁德东冲半岛登陆,风力 11 级,最大风速 30 米/秒,后继续向西北方向移动,7 月 15 日 16 时停止编号。

2.11.2 雨情

2006 年 7 月 13 日 8 时至 7 月 16 日 8 时,全市面平均降雨量233.1 毫米,各县(市、区)面平均降雨量较大的有永嘉县 278.8 毫米、乐清市 240.7 毫米、泰顺县 238.2 毫米、瓯海区 238.1 毫米。较大降雨量站点为乐清市叶山站 577.9 毫米、乐清市李家山站 511.1 毫米、乐清市砩头站 494.0 毫米、泰顺县峰文站 463.5 毫米,见图 2.11。

2.11.3 潮位

台风影响期间,瓯江温州站 14 日 00 时 20 分最高潮位 4.39 米,

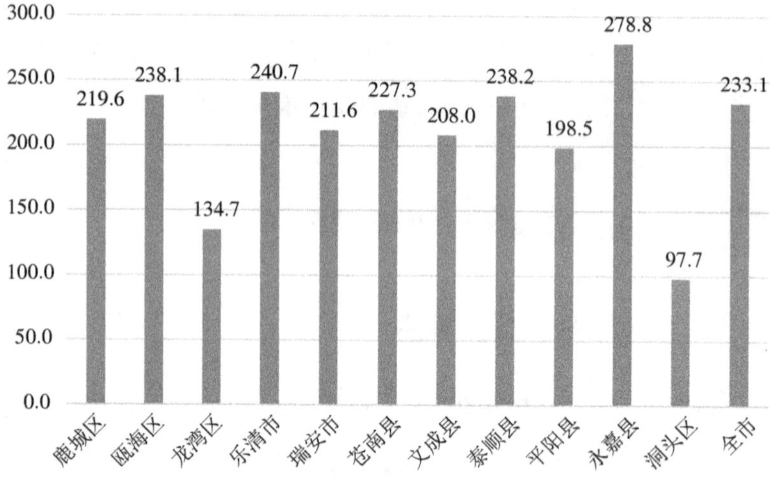

图 2.11　台风期间各县(市、区)面平均降雨量柱状图(单位:毫米)

超警戒水位 0.39 米,龙湾站 13 日 23 时 30 分最高潮位 4.40 米,超警戒水位 0.45 米;飞云江瑞安站 13 日 23 时 15 分最高潮位 4.44 米,超警戒水位 0.59 米;鳌江鳌江站 13 日 23 时 20 分最高潮位 4.42 米,超警戒水位 0.57 米。

2.11.4　河网水位

台风影响期间,全市江河水情多处超警戒:乐清市乐清站 14 日 20 时 00 分最高水位 3.46 米,超警戒水位 0.26 米;平阳县埭头站 15 日 11 时 30 分最高水位 14.26 米,超警戒水位 0.26 米,最大流量 711 立方米/秒;永嘉县石柱站 14 日 21 时 30 分最高水位 24.83 米,超警戒水位 0.63 米,最大流量 2 780 立方米/秒。

2.11.5　灾情

据统计,全市共有 139 个乡镇(街道、居委会)受灾,受灾人口达 52.7 万人;倒塌房屋 305 间;农作物受灾面积 19.45 千公顷,成灾面积

6.16千公顷，绝收面积0.31千公顷，减收粮食1.736万吨；水产养殖损失1.12万吨；损坏堤防49处，共3.16公里，堤防决口71处，共0.86公里，损坏护岸252处，冲毁塘坝10处，损坏灌溉设施364处，损坏水文测站3个，公路中断69条次，毁坏路基103.6公里，损坏输电线路22.4公里，损坏通信线路12.1公里；停产工矿企业187家。全市直接经济损失达1.906 2亿元。

2.12 2006年8号“桑美”台风

2.12.1 台风路径及登陆地点

2006年8号台风“桑美”于8月5日20时生成于菲律宾以东海面，为热带风暴，风力8级，最大风速18米/秒；8月7日14时，发展为台风，风力12级，最大风速33米/秒；8月9日20时，发展为超强台风，风力17级，最大风速60米/秒，中心最低气压920百帕。10日17时25分在温州苍南县马站镇登陆，登陆时中心最低气压920百帕，近中心最大风力19级(实测最大风速68米/秒)。登陆后强度减弱，8月10日18时进入福建，8号台风属于超强台风，风势强，降雨量大，为中华人民共和国成立以来登陆我国大陆最强的台风，给温州苍南、平阳、泰顺等地带来了非常严重的灾害。

2.12.2 雨情

2006年8月9日8时至8月11日8时，全市面平均降雨量177.5毫米，各县(市、区)面平均降雨量较大的有苍南县374.2毫米、平阳县252.9毫米、泰顺县215.2毫米、瑞安市195.0毫米。较大降雨量站点为苍南县昌禅站587.9毫米、苍南县宅内站542.2毫米、苍南县矾山站 478.5 毫米、苍南县后坑站 446.0 毫米，见图 2.12。

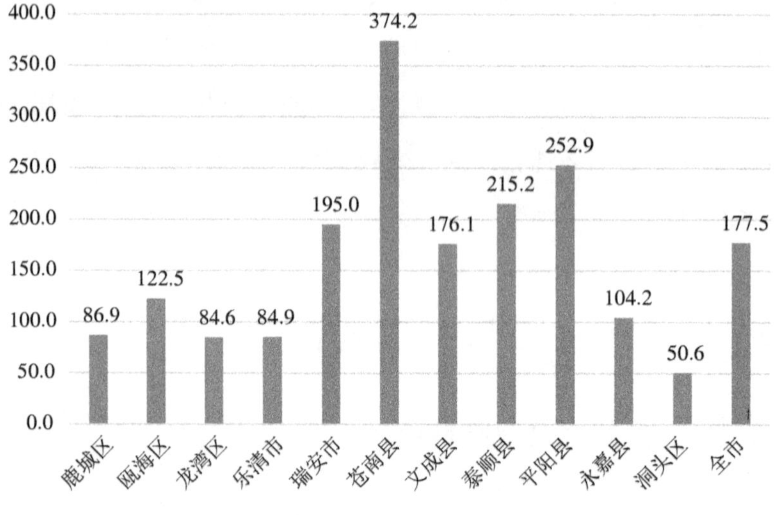

图 2.12　台风期间各县(市、区)面平均降雨量柱状图(单位:毫米)

2.12.3　潮位

台风影响期间，瓯江温州站 10 日 23 时 25 分最高潮位 4.44 米，超警戒水位 0.44 米，龙湾站 10 日 22 时 45 分最高潮位 4.20 米，超警戒水位 0.25 米；飞云江瑞安站 10 日 22 时 15 分最高潮位 4.36 米，超警戒水位 0.51 米；鳌江鳌江站 10 日 22 时 30 分最高潮位 4.16 米，超警戒水位 0.31 米。

2.12.4　河网水位

台风影响期间，全市江河水情多处超警戒：平阳站 11 日 08 时 00 分最高水位 3.29 米，超警戒水位 0.19 米；灵溪站 10 日 22 时 12 分最高水位 7.01 米，超警戒水位 1.31 米；埭头站 10 日 21 时 30 分最高水位 16.61 米，超保证水位 1.31 米，最大流量 2 380 立方米/秒。

2.12.5 灾情

据统计，全市共有259个乡镇(街道)受灾，受灾人口达290.67万人；倒塌房屋81 009间，损坏房屋253 897间；农作物受灾面积91千公顷，绝收面积14.80千公顷；损坏堤防837处，共147公里，损坏护岸837处、水闸48座，冲毁塘坝102处，损坏灌溉设施3 221处，损坏水文测站24个，损坏水电站70座，公路中断662条次，毁坏路基365公里，损坏输电线路527公里，损坏通信线路345公里；停产工矿企业4 648家；全市因灾死亡154人(其中苍南153人，平阳1人)，失踪2人(其中苍南1人，平阳1人)；直接经济损失达117.33亿元。

2.13 2007年9号“圣帕”台风

2.13.1 台风路径及登陆地点

2007年9号台风“圣帕”于8月13日2时生成于菲律宾以东海面，为热带风暴，风力8级，最大风速18米/秒；8月14日8时，发展为台风，风力12级，最大风速33米/秒；8月15日20时，发展为超强台风，风力16级，最大风速55米/秒，中心最低气压930百帕。18日6时在中国台湾樟原海岸登陆，风力15级，最大风速50米/秒，18日11时进入台湾海峡，于8月19日1时在福建惠安县登陆。登陆后强度减弱，8月20日2时停止编号。

2.13.2 雨情

2007年8月17日8时至8月20日8时，全市面平均降雨量230.7毫米，各县(市、区)面平均降雨量较大的有泰顺县371.6毫米、苍南县 310.6 毫米、平阳县 273.2 毫米、文成县 247.2 毫米。较大降雨量站点为泰顺县富垟站 561.0 毫米、苍南县分水关站 527.0 毫米、泰顺县峰文站 505.5 毫米、平阳县吴垟站 487.5 毫米，见图 2.13。

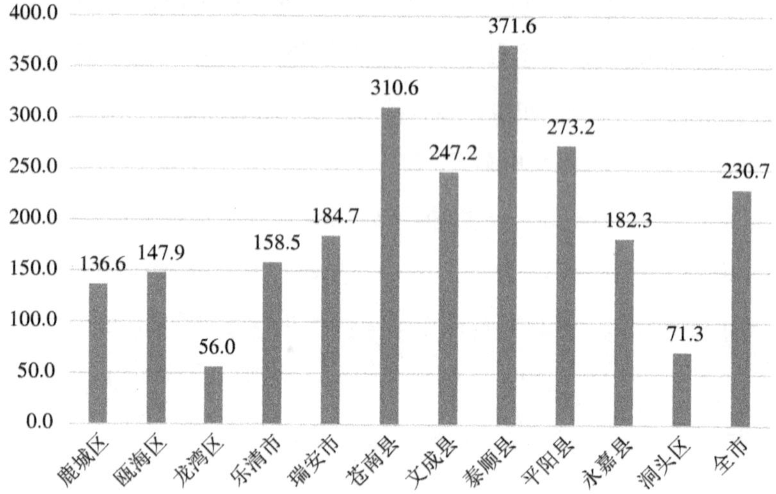

图 2.13　台风期间各县(市、区)面平均降雨量柱状图(单位:毫米)

2.13.3　潮位

台风影响期间，瓯江温州站 18 日 01 时 00 分最高潮位 3.32 米，龙湾站 18 日 00 时 25 分最高潮位 3.27 米；飞云江瑞安站 18 日 00 时 25 分最高潮位 3.22 米；鳌江鳌江站 19 日 01 时 15 分最高潮位 3.24米。

2.13.4　河网水位

台风影响期间，全市江河水情多处超警戒：乐清市乐清站 19 日 17 时 00 分最高水位 3.95 米，超保证水位 0.25 米；苍南县灵溪站 19 日 14 时 00 分最高水位 6.71 米，超警戒水位 1.01 米；平阳县埭头站 19

日10时30分最高水位16.19米，超保证水位0.89米，最大流量2 450立方米/秒；永嘉县石柱站19日21时06分最高水位24.39米，超警戒水位0.19米，最大流量2 610立方米/秒。

2.13.5 灾情

据统计，全市共有172个乡镇(街道)受灾，受灾人口179万人；倒塌房屋1 127间；农作物受灾面积48千公顷，成灾面积20.8千公顷，绝收面积0.9千公顷；损坏堤防466处，共58公里，损坏护岸1 181处、水闸7座，冲毁塘坝72处，损坏灌溉设施4 596处，损坏水文测站17个，损坏水电站44座，公路中断130条次，毁坏路基365公里，损坏输电线路429公里，损坏通信线路390公里；停产工矿企业1 613家；全市因灾死亡14人(其中苍南13人，文成1人)，失踪3人；直接经济损失达10亿元。

2.14 2007年13号“韦帕”台风

2.14.1 台风路径及登陆地点

2007年13号台风“韦帕”于9月16日8时生成于菲律宾以东海面，为热带风暴，风力8级，最大风速18米/秒；9月17日2时，发展为台风，风力12级，最大风速33米/秒；9月18日6时，发展为超强台风，风力16级，最大风速55米/秒，中心最低气压925百帕。9月19日2时30分，在苍南县霞关镇登陆，风力14级，最大风速45米/秒，之后进入福建又转入泰顺、文成，于9月19日9时进入丽水。

2.14.2 雨情

2007年9月17日8时至9月20日8时，全市面平均降雨量

273.8毫米，各县(市、区)面平均降雨量较大的有永嘉县357.3毫米、乐清市343.1毫米、瓯海区337.5毫米、鹿城区329.1毫米。较大降雨量站点为乐清市叶山站612.0毫米、乐清市李家山站609.0毫米、乐清市山岙头站573.0毫米、乐清市砩头站564.5毫米，见图2.14。

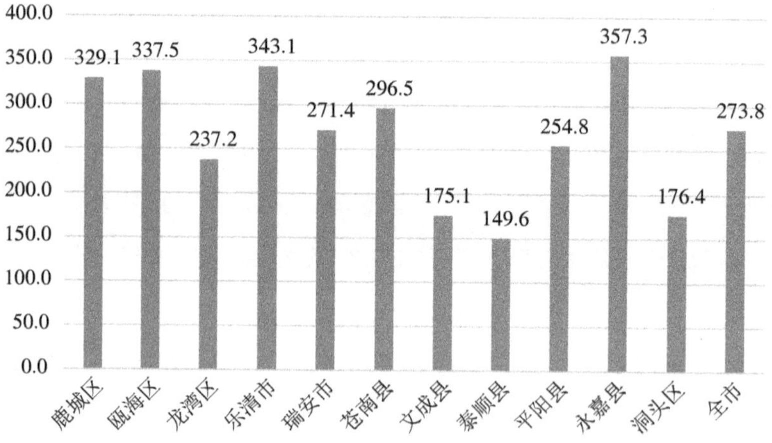

图2.14　台风期间各县(市、区)面平均降雨量柱状图(单位:毫米)

2.14.3　潮位

台风影响期间，瓯江温州站19日01时20分最高潮位3.61米，龙湾站19日00时20分最高潮位3.36米；飞云江瑞安站19日01时10分最高潮位3.26米；鳌江鳌江站19日02时15分最高潮位3.69米。

2.14.4　河网水位

台风影响期间，全市江河水情多处超警戒：乐清市乐清站19日02时00分最高水位3.72米，超保证水位0.02米；平阳县平阳站19日11时00分最高水位3.39米，超警戒水位0.29米；苍南县灵溪站19

日 06 时 00 分最高水位 6.33 米，超警戒水位 0.63 米；平阳县埭头站 19 日 06 时 12 分最高水位 15.88 米，超保证水位0.58 米，最大流量 2 080 立方米/秒；文成县峃口站 19 日 06 时 30 分最高水位 27.51 米，超警戒水位 0.51 米，最大流量 1 920 立方米/秒；永嘉县石柱站 19 日 05 时 48 分最高水位 27.26 米，超保证水位 1.06 米，最大流量 4 370 立方米/秒。

2.14.5 灾情

据统计，全市共有 233 个乡镇(街道)受灾，受灾人口 265.795 3 万人；倒塌房屋 1 290 间；农作物受灾面积 71.426 千公顷，成灾面积 30.21 千公顷，绝收面积 6.184 7 千公顷；损坏水库 4 座，损坏堤防 433 处，共 47.822 公里，损坏护岸 872 处、水闸 46 座，冲毁塘坝 18 座，损坏灌溉设施 2 427 处，损坏水文测站 16 个，损坏水电站 9 座，公路中断 105 条次，毁坏路基 210.87 公里，损坏输电线路 1 470.403 公里，损坏通信线路 967.602 公里；停产工矿企业 3 462 家；全市因灾死亡 1 人，失踪1 人，直接经济损失达 24.841 0 亿元。

2.15 2007 年 16 号“罗莎”台风

2.15.1 台风路径及登陆地点

2007 年 16 号台风“罗莎”于 10 月 2 日 14 时生成于菲律宾以东海面，为热带风暴，风力 8 级，最大风速 18 米/秒；10 月 3 日 2 时，发展为台风，风力 12 级，最大风速 33 米/秒；10 月 5 日 2 时，发展为超强台风，风力 16 级，最大风速 55 米/秒，中心最低气压 930 百帕。10 月 6 日 16 时在中国台湾宜兰县登陆，10 月 7 日 0 时进入中国台湾海峡，强度减弱，于10月7日15时在苍南县沿浦登陆，风力12级，最大风速33米/秒，之后经福建转入泰顺、文成，贯穿温州，于10月8日15时进入台州。

2.15.2 雨情

2007年10月6日8时至10月9日8时，全市面平均降雨量305.6毫米，各县(市、区)面平均降雨量较大的有瑞安市330.1毫米、瓯海区327.3毫米、苍南县326.8毫米、乐清市326.5毫米。较大降雨量站点为苍南县昌禅站551.1毫米、乐清市叶山站532.0毫米、苍南县矾山站526.4毫米、乐清市李家山站526.0毫米，见图2.15。

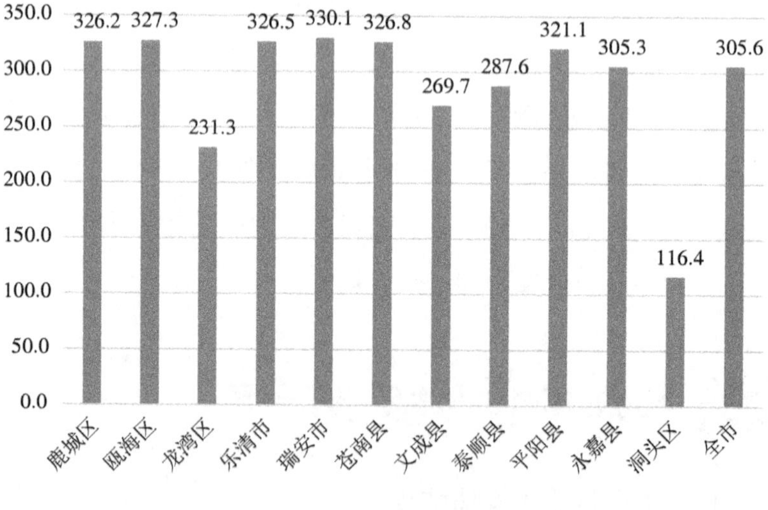

图2.15 台风期间各县(市、区)面平均降雨量柱状图(单位:毫米)

2.15.3 潮位

台风影响期间，瓯江温州站7日20时00分最高潮位3.77米，龙湾站7日19时25分最高潮位3.42米；飞云江瑞安站7日19时20分最高潮位 3.47 米;鳌江鳌江站 7 日 19 时 00 分最高潮位 3.37 米。

2.15.4 河网水位

台风影响期间,全市江河水情多处超警戒:乐清市乐清站 8 日 01 时 00 分最高水位 4.08 米,超保证水位 0.38 米;平阳县平阳站 7 日 23 时 00 分最高水位 3.33 米,超警戒水位 0.23 米;苍南县灵溪站 8 日 03 时 00 分最高水位 5.86 米,超警戒水位 0.16 米;平阳县埭头站 7 日 10 时 30 分最高水位 15.16 米,超警戒水位1.16 米,最大流量 1 400 立方米/秒。

2.15.5 灾情

据统计,全市共有 270 个乡镇(街道)受灾,受灾人口 274.3 万人;倒塌房屋 450 间;农作物受灾面积 86.4 千公顷,成灾面积 50.9 千公顷,绝收面积 27.5 千公顷;损坏堤防 290 处,共 24.5 公里,损坏护岸 505 处、水闸 26 座,冲毁塘坝 102 座,损坏灌溉设施 1 650 处,损坏水文测站8 个,损坏水电站 2 座,公路中断 166 条次,毁坏路基 205 公里,损坏输电线路 206 公里,损坏通信线路 86 公里;停产工矿企业 6 585 家;直接经济损失达 20.01 亿元。

2.16 2008 年 8 号“凤凰”台风

2.16.1 台风路径及登陆地点

2008 年 8 号台风“凤凰”于 7 月 25 日 14 时生成于菲律宾以东海面,为热带风暴,风力 8 级,最大风速 18 米/秒;7 月 26 日 17 时,发展为台风,风力 12 级,最大风速 33 米/秒;7 月 27 日 20 时,发展为强台风，风力14级，最大风速45米/秒，中心最低气压955百帕。7月28日7时在中国台湾丰滨乡登陆，7月28日14时进入台湾海峡，强度减弱，7月28日22时在福建莆田登陆，风力12级，最大风速33米/秒，之后经福建转入江西。

2.16.2 雨情

2008年7月28日8时至7月30日8时，全市面平均降雨量241.2毫米，各县(市、区)面平均降雨量较大的有泰顺县339.0毫米、文成县264.1毫米、苍南县260.1毫米、永嘉县250.1毫米。较大降雨量站点为泰顺县峰文站534.0毫米、苍南县分水关站496.0毫米、泰顺县富垟站482.5毫米、平阳县吴垟站474.0毫米，见图2.16。

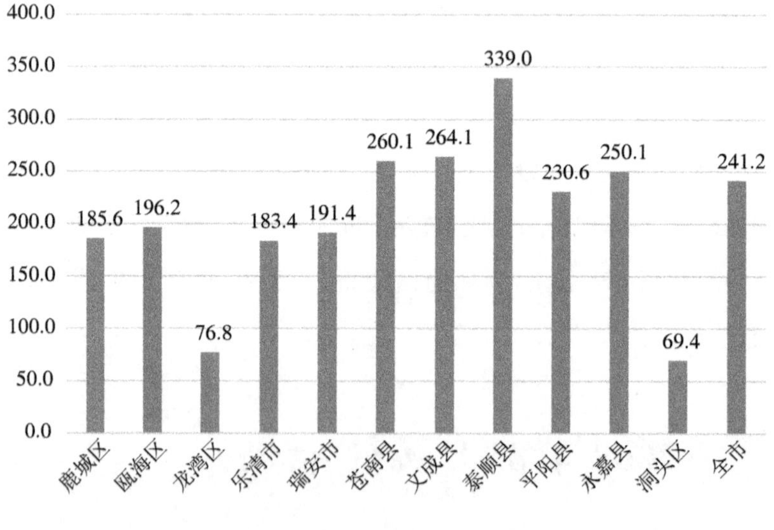

图2.16　台风期间各县(市、区)面平均降雨量柱状图(单位:毫米)

2.16.3 潮位

台风影响期间，瓯江温州站29日06时00分最高潮位3.18米，龙湾站29日05时35分最高潮位2.80米；飞云江瑞安站28日18时40分最高潮位3.02米；鳌江鳌江站28日18时25分最高潮位3.19米。

2.16.4 河网水位

台风影响期间，全市江河水情多处超警戒：苍南县灵溪站29日11时18分最高水位5.88米，超警戒水位0.18米；平阳县埭头站29日04时30分最高水位15.95米，超保证水位0.65米，最大流量2 170立方米/秒；永嘉县石柱站29日13时00分最高水位24.81米，超警戒水位0.61米，最大流量2 590立方米/秒。

2.16.5 灾情

据统计，全市共有267个乡镇(街道)受灾，电力、交通、水利、农业等设施受到较大损失。受灾人口137.1万人；倒塌房屋611间；农作物受灾面积48千公顷，成灾面积20.3千公顷，绝收面积3.7千公顷；损坏堤防574处，共63.6公里，损坏护岸1 578处、水闸65座，冲毁塘坝23座，损坏灌溉设施4 329处，损坏水文测站30个，损坏水电站30座；公路中断96条次，毁坏路基184公里，损坏输电线路113公里，损坏通信线路41公里；停产工矿企业874家；直接经济损失达7.48亿元。

2.17 2008年13号“森拉克”台风

2.17.1 台风路径及登陆地点

2008年13号台风“森拉克”于9月9日8时生成于菲律宾以东海面，为热带风暴，风力8级，最大风速18米/秒；9月9日20时，发展为台风，风力 12 级，最大风速 35 米/秒；9 月 11 日 18 时，发展为强台风，风力 16 级，最大风速 52 米/秒，中心最低气压 935 百帕。9 月 14 日 1 时在中国台湾宜兰县登陆，9 月 14 日 12 时进入台湾海峡，强度减弱，9 月 15 日 6 时台风掉头转向日本，9 月 20 日 8 时于海上消失。

2.17.2 雨情

2008 年 9 月 13 日 8 时至 9 月 17 日 8 时，全市面平均降雨量 112.6 毫米，各县(市、区)面平均降雨量较大的有苍南县 209.5 毫米、平阳县 184.8 毫米、洞头区 160.2 毫米、泰顺县 121.8 毫米。较大降雨量站点为苍南县昌禅站 367.7 毫米、苍南县后坑站 334.4 毫米、苍南县矾山站 322.3 毫米、苍南县宅内站 317.4 毫米，见图 2.17。

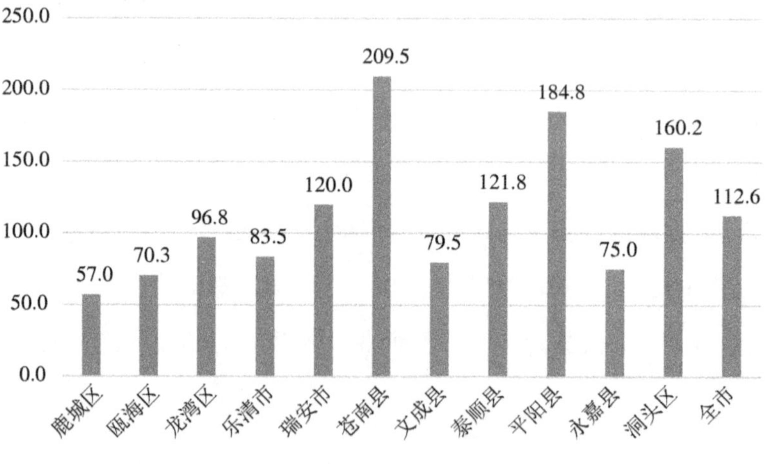

图 2.17　台风期间各县(市、区)面平均降雨量柱状图(单位：毫米)

2.17.3 潮位

台风影响期间，瓯江温州站 15 日 09 时 50 分最高潮位 3.75 米，龙湾站 15 日 09 时 20 分最高潮位 3.60 米；飞云江瑞安站 14 日 20 时

50 分最高潮位 3.72 米；鳌江鳌江站 14 日 20 时 50 分最高潮位 3.58米。

2.17.4 河网水位

台风影响期间，全市江河水情多处超警戒：平阳县平阳站 15 日 14 时 00 分最高水位 3.15 米，超警戒水位 0.05 米；平阳县埭头站 14 日 23 时 36 分最高水位 14.20 米，超警戒水位 0.20 米，最大流量 769 立方米/秒。

2.17.5 灾情

据统计，全市共有 80 个乡镇（街道）受灾，受灾人口 56.84 万人；农作物受灾面积 35.95 千公顷，成灾面积 27.27 千公顷，绝收面积 0.76 千公顷；损坏堤防 140 处，共 6.31 公里，损坏护岸 565 处、水闸 27 座，冲毁塘坝 23 座，损坏灌溉设施 270 处，损坏水文测站 15 个，损坏水电站 12 座；公路中断 2 条次，毁坏路基 6.15 公里，损坏输电线路 5.4 公里，损坏通信线路 2 公里；停产工矿企业 103 家；直接经济损失达 0.814 4亿元。

2.18 2009 年 8 号“莫拉克”台风

2.18.1 台风路径及登陆地点

2009 年 8 号台风“莫拉克”于 8 月 4 日 2 时生成于菲律宾以东海面，为热带风暴，风力 8 级，最大风速 18 米/秒；8 月 5 日 14 时，发展为台风，风力 12 级，最大风速 33 米/秒；之后进一步加强，最大风力 13 级，最大风速 40 米/秒，中心最低气压 960 百帕。8 月 8 日 0 时在中国台湾花莲县登陆，8月8日9时进入台湾海峡，强度减弱，8月9日16时在福建宁德东冲半岛登陆，风力12级，最大风速33米/秒，8月10日6时进入温州泰顺境内，之后一路北上进江苏。

2.18.2 雨情

8月6日8时至8月11日8时，全市面平均降雨量389.9毫米，各县(市、区)面平均降雨量较大的有苍南县460.8毫米、泰顺县417.6毫米、瑞安市417.4毫米、瓯海区416.2毫米。较大降雨量站点为苍南县华阳站890.2毫米、泰顺县峰文站880.0毫米、苍南县昌禅站862.7毫米、乐清市叶山站809.0毫米，见图2.18。

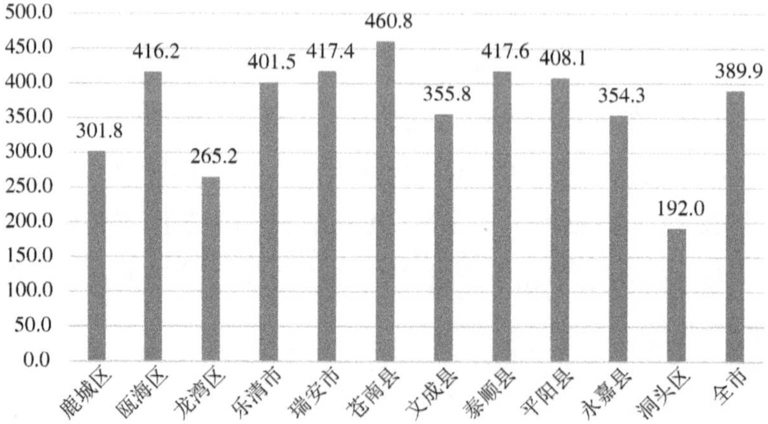

图2.18 台风期间各县(市、区)面平均降雨量柱状图(单位:毫米)

2.18.3 水库水情

全市大中型水库平均蓄水率为102%，有11座水库超蓄，另有3座水库蓄水率为100%，其他几座水库蓄水率也相对较高。其中，珊溪水库蓄水率为100%，中型水库平均蓄水率为107%。

2.18.4 潮位

台风影响期间,瓯江温州站9日11时40分最高潮位4.22米,超警戒水位0.22米,龙湾站8日23时12分最高潮位3.97米,超警戒水位0.02米;飞云江瑞安站8日23时00分最高潮位4.15米,超警戒水位0.30米;鳌江鳌江站8日23时25分最高潮位4.18米,超警戒水位0.33米。

2.18.5 河网水位

台风影响期间,全市江河水情多处超警戒:乐清市乐清站9日15时40分最高水位4.48米,超保证水位0.78米;平阳县平阳站9日22时45分最高水位3.55米,超警戒水位0.45米;苍南县灵溪站9日15时00分最高水位7.72米,超保证水位0.62米;埭头站9日13时00分最高水位16.25米,超保证水位0.95米,最大流量2 630立方米/秒;文成县峃口站9日13时42分最高水位27.36米,超警戒水位0.36米,最大流量1 880立方米/秒;永嘉县石柱站9日21时36分最高水位27.07米,超保证水位0.87米,最大流量4 250立方米/秒。

2.18.6 灾情

据统计,全市共有92个乡镇受淹,平阳县水头镇最大受淹深度达4.7米以上。据初步统计,截至10日14时,全市共有255个乡镇(街道)受灾,受灾人口251.17万人,全市转移人口31.58万人;倒塌房屋1 571间;农作物受灾面积91.65千公顷,成灾面积57.5千公顷,绝收面积18.2千公顷;损坏堤防890处,共76.61公里,损坏护岸1 053处、水闸25座,冲毁塘坝403座,损坏灌溉设施2 394处,损坏水文测站74个,公路中断300条次,供电中断471条次,通信中断55条次;停产工矿企业8 646家;全市因灾死亡4人,失踪1人,直接经济损失达 26.8 亿元。苍南、平阳受灾情况最为严重。

2.19 2013 年 23 号“菲特”台风

2.19.1 台风路径及登陆地点

2013 年 23 号台风“菲特”于 9 月 30 日 20 时生成于菲律宾以东海面，为热带风暴，风力 8 级，最大风速 18 米/秒；10 月 3 日 5 时，发展为台风，风力 12 级，最大风速 33 米/秒；10 月 4 日 17 时，发展为强台风，风力 14 级，最大风速 42 米/秒，中心最低气压 950 百帕；之后强度加强，最大风速 45 米/秒，中心最低气压 945 百帕。10 月 7 日 1 时 15 分，在福建省福鼎市沙埕镇沿海登陆，登陆时中心最低气压 965 百帕，近中心最大风力 14 级，最大风速 42 米/秒。登陆后强度减弱，10 月 7 日 9 时停止编号。

2.19.2 雨量

受“菲特”台风影响，温州市普降大到暴雨，暴雨中心出现在戍浦江、瑞安、鳌江和矾山等片区。这次暴雨的特点是：降雨量大、降雨强度大、降雨时空分布不均、降雨集中等。(1) 降雨量大。“菲特”台风影响期间(6 日 8 时至 8 日 8 时)，全市面平均降雨量 251 毫米。各县(市、区)中，最大的为瑞安市 361 毫米，其次为瓯海区 344 毫米、鹿城区 278 毫米，见图 2.19。单站过程雨量较大为瑞安市十亩水库 497 毫米、乐清市硃头站 485 毫米、瑞安市岩头站 484 毫米、瓯海区泽雅水库站 476 毫米、瑞安市瑞安站 468.5 毫米。过程雨量超过 400 毫米的有 35 站，超过 300 毫米的有 76 站。其中，瑞安站最大 24 小时降雨量 460.5 毫米，超百年一遇；岩头站最大 24 小时降雨量 483.5 毫米，近百年一遇;泽雅水库过程雨量 481.3 毫米,经调查遥测雨量为 476.0 毫米,故数据可靠,经分析最大 24 小时降雨量为470.3 毫米,近五十年一遇;鳌江最大 24 小时降雨量为 323.5 毫米,近五十年一遇。(2) 降雨强度大。本次台风降雨量主要集中在台风登陆前后,短历时强降雨频发。单站 1 小时超过 30 毫米降雨的达 741 站次,超过 80 毫米的有 3 站次,超过 70 毫米的有 24 站次。其中,最大 1 小时降雨量为龙湾区山门坑站 88 毫米,其次为瑞安市瑞安站 87 毫米、龙湾区天柱寺站 80 毫米。(3) 降水时空分布不均。本次降雨最大区域主要集中在瑞安市、瓯海区、鹿城区,而文成县、泰顺县、洞头区相对较小,均在 200 毫米以下。(4) 降雨集中。降雨时间主要在台风登陆前后,即 6 日午后至 7 日上午,并随着台风的临近逐渐增大,最大降雨集中出现在 7 日凌晨,随后变小,为典型的单峰型雨。

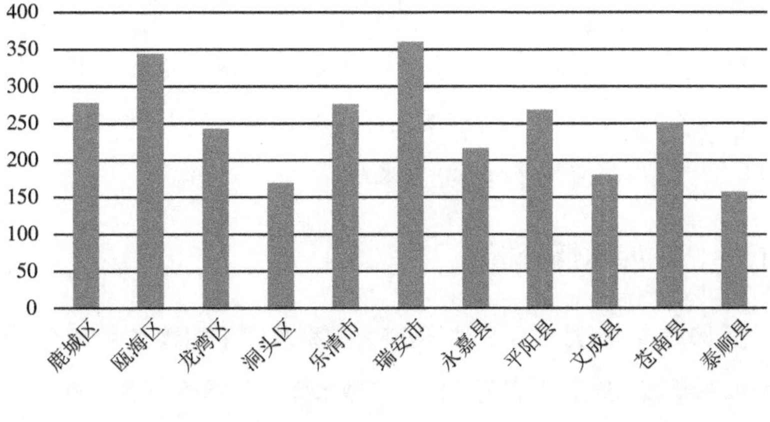

图 2.19 台风影响期间各县(市、区)面平均降雨量柱状图(单位:毫米)

2.19.3 河道水情分析

台风影响期间,我市各平原河网水位均有不同程度上涨,温瑞、瑞平、江南、鳌江内河水位涨幅较大,一度超过警戒水位。其中,温瑞西山站最高水位出现在 7 日 13 时,为 4.08 米(基面:“85 高程”,下同),

达十年一遇。台风影响期间温州各平面河网水位见表 2.1。

表 2.1 “菲特”台风影响期间温州各平原河网水位

单位:米

河网（代表站）	6日8时水位	最高水位	8日8时水位	“85高程”基面			“85高程”与“吴淞高程”差值
				正常水位	警戒水位	保证水位	
温瑞（西山站）	2.51	4.08	3.23	2.94	3.14	3.64	−1.86
瑞平（平阳站）	2.48	3.64	3.47	2.92	3.12	3.62	−1.88
乐柳虹（乐清站）	2.55	3.27	2.63	2.98	3.18	3.68	−1.82
永强塘河（永强站）	2.26	3.31	2.73	2.94	3.14	3.64	−1.86
江南（宜山站）	2.37	3.34	3.28	2.79	2.99	3.49	−1.91
鳌江内河站	2.69	3.65	3.44	2.80	3.03	3.62	−1.88

鳌江上游埭头水文站于 7 日 4 时 50 分出现洪峰水位 15.10 米，洪峰流量 1 458 立方米/秒;楠溪江石柱水文站于 7 日 5 时出现洪峰水位 24.32 米,洪峰流量 2 568 立方米/秒。

2.19.4 水库水情分析

至 2013 年 10 月 8 日 8 时,全市大中型水库平均蓄水率 88%,其中大型水库珊溪水库蓄水率为 84%,中型水库平均蓄水率为 100%,大中型水库蓄水总量 14.71 亿立方米,与 2013 年 10 月 6 日 8 时相比,水库蓄水总量增加,“菲特”台风期间拦蓄洪水达 1.44 亿立方米,见表 2.2。

台风“菲特”影响期间,全市多个水库超警戒水位,至 10 月 8 日 8 时,福溪水库、金溪水库、北溪水库、泽雅水库、林溪水库、三插溪水库、吴家园水库、桥墩水库水位依然较高,均超过汛限水位,其他大中型水库均在汛限水位以下,见表 2.3。

表 2.2 温州市大中型水库蓄水动态表

县（市、区）	水库名称	2013 年 10 月 6 日 8 时			2013 年 10 月 8 日 8 时			蓄水量变化（万立方米）
		水位（米）	库容（万立方米）	蓄水率（%）	水位（米）	库容（万立方米）	蓄水率（%）	
乐清市	白石水库	25.76	588	57	26.90	641	62	53
	淡溪水库	37.68	1 664	72	40.07	2 142	93	478
	钟前水库	115.06	1 018	69	119.54	1 238	84	221
	福溪水库	225.75	1 294	84	228.93	1 590	103	296
永嘉县	金溪水库	241.83	737	42	260.00	1 735	100	998
	北溪水库	398.90	1 901	67	408.24	2 855	101	954
温州市区	仰义水库	60.39	326	73	63.16	432	97	106
	泽雅水库	102.99	4 032	93	110.13	5 213	120	1 181
瑞安市	林溪水库	68.12	467	68	71.55	706	102	239
文成县	百丈漈水库	644.70	1 455	43	649.49	2 553	76	1 098
	高二电水库	317.26	928	62	325.68	1 402	94	474
	高岭头水库	776.71	676	43	784.87	1 096	69	420
泰顺县	仙居水库	251.66	1 967	70	253.72	2 147	77	180
	三插溪水库	338.12	3 527	93	340.41	3 824	101	297
	双涧溪水库	385.68	665	78	388.93	845	99	180
苍南县	吴家园水库	36.05	842	68	42.63	1 557	125	715
	桥墩水库	47.66	4 017	99	53.69	5 522	137	1 505
	小计		26 104	73		35 498	100	9 394
瑞安市	赵山渡水库	20.50	2 153	77	21.81	2 702	97	549
文成县	珊溪水库	134.71	104 498	81	136.15	108 946	84	4 448
	合计		132 755	79		147 146	88	14 391

表 2.3 “菲特”台风影响期间大中型水库水位

单位：米

温州市大中型水库水位超警分析					
河名	站名	最高水位	出现时间	台控水位	超汛限水位
飞云江	三插溪水库	340.41	2013-10-8 8:00	340.00	0.41
福溪	福溪水库	230.32	2013-10-7 9:00	228.31	2.01

续表

温州市大中型水库水位超警分析					
河名	站名	最高水位	出现时间	台控水位	超汛限水位
金潮港	林溪水库	74.40	2013-10-7 9:00	71.29	3.11
金溪	金溪水库	260.59	2013-10-8 0:00	260.00	0.59
南港	桥墩水库	54.85	2013-10-7 19:00	47.69	7.16
瓯江	仰义水库	65.28	2013-10-8 8:00	63.40	1.88
戍浦江	泽雅水库	110.90	2013-10-8 1:00	104.93	5.97
藻溪	吴家园水库	44.07	2013-10-7 5:00	40.49	3.58

2.19.5 潮位

台风“菲特”影响期间正值天文大潮，受台风影响，沿海潮位增水明显，多次超过警戒潮位。其中，6 日夜间台风登陆时，正值天文大潮高潮位，潮位增水超过一米，大大超过警戒潮位。

瓯江温州站最高潮位 4.92 米，超过警戒潮位 0.92 米；飞云江瑞安站最高潮位 4.64 米，超过警戒潮位 0.84 米；鳌江鳌江站最高潮位 5.22 米，超过警戒潮位 1.52 米，也超过历史最高潮位(4.80 米)，近百年一遇。

表 2.4 “菲特”台风影响期间三大江最高潮位表

单位：米

<table>
<tr><th>序号</th><th>日期</th><th colspan="2">瓯江</th><th colspan="2">飞云江</th><th colspan="2">鳌江</th></tr>
<tr><td rowspan="2">1</td><td rowspan="2">10 月 6 日</td><td>22:55</td><td>4.92</td><td>23:25</td><td>4.64</td><td>00:25(7 日)</td><td>5.22</td></tr>
<tr><td colspan="2">增水 1.52</td><td colspan="2">增水 1.12</td><td colspan="2">增水 1.72</td></tr>
<tr><td rowspan="2">2</td><td rowspan="2">10 月 7 日</td><td>10:35</td><td>4.63</td><td>10:25</td><td>3.99</td><td>10:00</td><td>3.81</td></tr>
<tr><td colspan="2">增水 0.97</td><td colspan="2">增水 0.33</td><td colspan="2">增水 0.17</td></tr>
<tr><td>3</td><td>警戒潮位</td><td colspan="2">4.00</td><td colspan="2">3.80</td><td colspan="2">3.70</td></tr>
<tr><td colspan="2">历史最高</td><td colspan="2">5.55
(1994 年 8 月 21 日)</td><td colspan="2">5.02
(1994 年 8 月 21 日)</td><td colspan="2">4.80
(1992 年 8 月 30 日)</td></tr>
</table>

2.19.6 灾情

据统计，全市共有 120 个乡镇（街道）受灾，受灾人口 318.24 万人；倒塌房屋 1 368 间；农作物受灾面积 91.37 千公顷，成灾面积61.47 千公顷，绝收面积 16.37 千公顷；损坏堤防 383 处，共 16.97 公里，损坏护岸 2 670 处，损坏水闸 28 座，冲毁塘坝 146 座；损坏灌溉设施 1 612处，损坏水文测站 34 个；公路中断 152 条次，供电中断 645 条次，通信中断 166 条次；停产工矿企业 6 223 家。全市因灾经济直接损失达 68.17 亿元。全市因灾直接死亡 1 人，因公殉职 1 人，失踪 4 人。

2.20 2015 年 13 号“苏迪罗”台风

2.20.1 台风路径及登陆地点

2015 年 13 号台风“苏迪罗”于 7 月 30 日 20 时生成于菲律宾以东海面，为热带风暴，风力 8 级，最大风速 18 米/秒；8 月 2 日 14 时，发展为台风，风力 12 级，最大风速 33 米/秒；8 月 3 日 14 时，发展为超强台风，风力 16 级，最大风速 52 米/秒，中心最低气压 935 百帕。8 月 8 日 5 时在中国台湾花莲市登陆，风力 14 级，最大风速 45 米/秒，之后往南经云林县，8 月 8 日 10 时进入台湾海峡，强度减弱，方向朝西，8 月 8 日 22 时在福建湄洲岛登陆，风力 13 级，最大风速 38 米/秒，强度减弱，之后进入江西境内。

2.20.2 雨量

“苏迪罗”台风影响期间，我市过程雨量在 600 毫米以上的站点有 21 个，控制面积为 134.2 平方公里；我市过程雨量为 500～600 毫米的站点有79个,控制面积为299.8平方公里;我市过程雨量为400～500毫米的站点有117个,控制面积为1 709.5平方公里,见表2.5。

表2.5 "苏迪罗"台风影响期间温州市雨量分级表

雨量分级（毫米）	600以上	500～600	400～500	300～400	200～300	100～200	0～100
面积（平方公里）	134.2	299.8	1 709.5	2 871.6	2 769.9	3 075.7	923.2
站数	21	79	117	129	134	60	32

"苏迪罗"台风影响期间,我市过程雨量在700毫米以上的站点有2个,为文成桂山站755.5毫米、平阳吴垟站717.0毫米。

台风影响期间各县(市、区)面平均降雨量见图2.20。

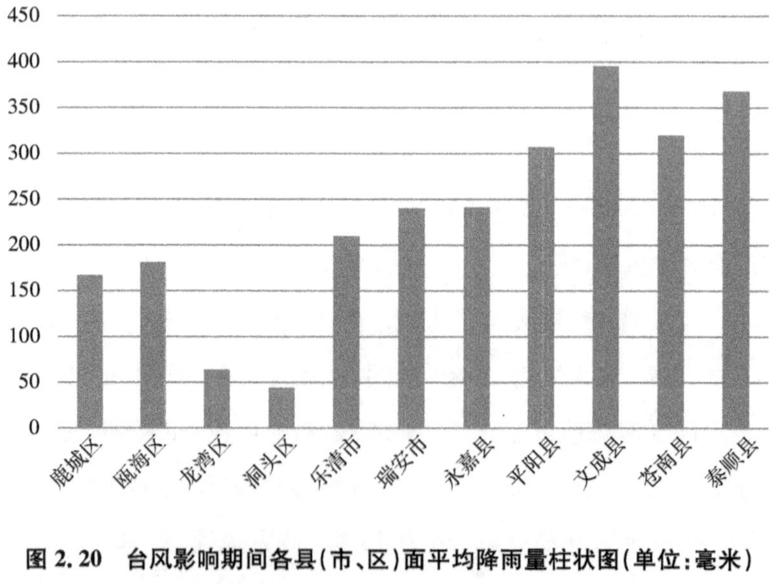

图2.20 台风影响期间各县(市、区)面平均降雨量柱状图(单位:毫米)

2.20.3 河道水情分析

台风影响期间,我市各平原河网水位均有不同程度上涨,其中瑞平、江南、鳌江内河水位涨幅较大,瑞平水系平阳站最高水位3.23米,超过警戒水位 0.11 米；江南水系宜山站最高水位 3.03 米，超过警戒水位 0.04 米；鳌江内河站最高水位 3.15 米，超过警戒水位 0.12 米，见表 2.6。

表 2.6 “苏迪罗”台风影响期间温州各平原河网水位情况表

单位：米

河网	7 日 8 时水位	10 日 8 时水位	最高水位	时间	警戒水位
温瑞(西山)	2.64	2.66	2.98	2015-08-09 06:45	3.14
瑞平(平阳)	2.08	2.72	3.23	2015-08-09 09:10	3.12
乐清	2.14	2.79	2.79	2015-08-10 08:00	3.18
永强	2.16	2.38	2.38	2015-08-10 07:10	3.14
江南(宜山)	2.11	2.75	3.03	2015-08-09 09:50	2.99
鳌江内河	2.45	2.69	3.15	2015-08-09 06:40	3.03

鳌江中上游埭头水文站 8 月 9 日 0 时 45 分出现洪峰水位 16.26 米，相应流量 2 350 立方米/秒，十年一遇，见图 2.21。受上游洪水和下游高潮位顶托影响，水头站水位自 8 日 22 时超过 8.0 米（“85 高程”），在 9 日 2 时 20 分达到最高水位 10.45 米，一直持续到 10 日 4 时 45 分才退至 8 米以下，淹没时间约为 31 小时，见图 2.22。

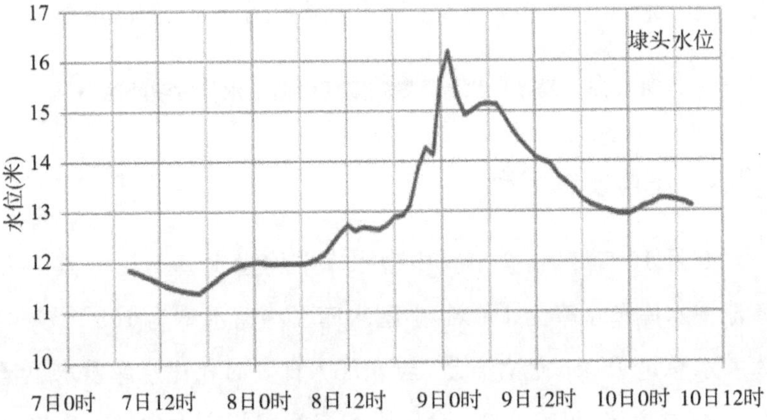

图 2.21 “苏迪罗”台风影响期间埭头站水位过程线图

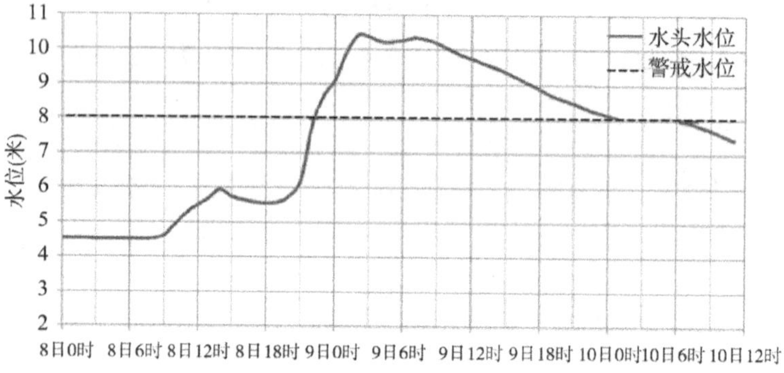

图 2.22 "苏迪罗"台风影响期间水头站水位过程线图

飞云江中游峃口水文站 9 日 1 时 10 分出现洪峰水位 28.55 米，相应洪峰流量 2 420 立方米/秒，见图 2.23。

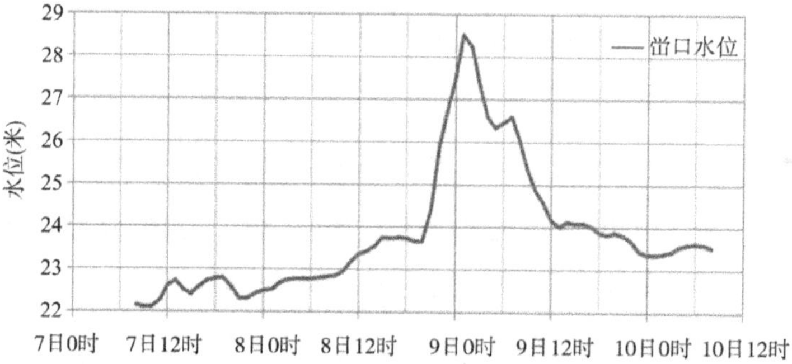

图 2.23 "苏迪罗"台风影响期间峃口站水位过程线图

2.20.4 水库水情分析

至 8 月 10 日 8 时，全市大中型水库平均蓄水率 100%，其中大型水库珊溪水库蓄水率为 100%，中型水库平均蓄水率为 103%，大中型水库蓄水总量 16.55 亿立方米，与 8 月 7 日 8 时相比水库蓄水总量增加4.67 亿立方米，见表 2.7。台风影响期间温州市大中型水库最高水位见表 2.8。

表 2.7 "苏迪罗"台风影响期间温州市大中型水库蓄水动态表

县（市、区）	水库名称	2015 年 8 月 7 日 8 时			2015 年 8 月 10 日 8 时			蓄水量变化（万立方米）
		水位（米）	库容（万立方米）	蓄水率（%）	水位（米）	库容（万立方米）	蓄水率（%）	
乐清市	白石水库	34.08	1 028	119	31.35	878	102	−150
	淡溪水库	29.89	605	26	29.00	519	22	−86
	福溪水库	216.87	630	46	228.32	1 531	113	901
	钟前水库	115.02	880	68	116.70	1 003	77	123
永嘉县	北溪水库	396.28	1 683	64	408.95	2 932	113	1 249
	金溪水库	242.74	776	44	260.72	1 784	102	1 008
鹿城	仰义水库	60.99	348	51	62.08	389	57	41
瓯海	泽雅水库	84.49	1 623	38	98.64	3 252	77	1 629
瑞安市	林溪水库	65.44	319	58	71.44	698	128	379
文成县	高二电水库	316.25	882	59	326.08	1 429	95	547
	高岭头水库	773.31	536	34	792.21	1 591	101	1 055
	百丈漈水库	643.75	1 288	38	652.49	3 502	105	2 214
泰顺县	三插溪水库	326.92	2 286	60	341.33	3 948	104	1 662
	双涧溪水库	379.46	388	45	388.97	848	99	460
	仙居水库	247.43	1 639	58	260.05	2 788	100	1 149
苍南县	桥墩水库	41.69	2 780	69	54.76	5 818	144	3 038
	吴家园水库	27.10	278	20	37.80	1 085	81	807
平阳县	顺溪水库	157.04	1 225	89	184.54	3 176	230	1 951
	小计		19 202	53		37 179	103	17 977
瑞安市	赵山渡水库	20.94	2 046	82	21.80	2 393	96	347
文成县	珊溪水库	133.29	97 560	77	142.12	125 892	100	28 332
	合计		118 808	72		165 465	100	46 657

表 2.8 "苏迪罗"台风影响期间温州市大中型水库最高水位表

单位：米

站名	最高水位	出现时间	台控水位	超汛限水位
白石水库	34.08	2015-08-07 9:00	31.00	3.08
顺溪水库	186.95	2015-08-09 11:45	160.00	26.95

续表

站名	最高水位	出现时间	台控水位	超汛限水位
北溪水库	410.00	2015-08-09 16:55	406.00	4.00
三插溪水库	341.33	2015-08-10 8:00	340.00	1.33
珊溪水库	142.12	2015-08-10 8:05	142.04	0.08
仙居水库	260.71	2015-08-10 5:00	260.00	0.71
福溪水库	228.35	2015-08-10 8:05	226.31	2.04
高岭头水库	792.22	2015-08-10 8:05	792.00	0.22
林溪水库	72.06	2015-08-9 11:00	69.29	2.77
金溪水库	260.76	2015-08-10 6:00	260.00	0.76
桥墩水库	54.77	2015-08-10 8:05	47.69	7.08
百丈漈水库	652.49	2015-08-10 7:35	652.00	0.49

2.20.5 潮位

受台风外围影响，沿海潮位增水不明显，增水幅度为0.05～1.0米。由于我市正值天文小潮期，三大江潮位都没有超过警戒水位，见表2.9。

表2.9 “苏迪罗”台风影响期间三大江最高潮位表

单位：米

江心屿			瑞安			鳌江		
时间	高潮位	增水	时间	高潮位	增水	时间	高潮位	增水
2015-08-07 02:40	3.16	0.07	2015-08-07 02:00	2.93	0.08	2015-08-07 01:50	2.84	0.07
2015-08-07 15:05	3.00	0.17	2015-08-07 14:40	2.79	0.26	2015-08-07 14:35	2.75	0.32
2015-08-08 03:40	3.23	0.47	2015-08-08 03:10	3.07	0.51	2015-08-08 02:50	3.19	0.73
2015-08-08 16:35	3.23	0.59	2015-08-08 15:55	3.02	0.72	2015-08-08 15:50	3.06	0.88
2015-08-09 04:20	3.22	0.70	2015-08-09 04:35	2.90	0.59	2015-08-09 04:45	2.87	0.66

续表

江心屿			瑞安			鳌江		
时间	高潮位	增水	时间	高潮位	增水	时间	高潮位	增水
2015-08-09 17:25	2.99	0.37	2015-08-09 17:00	2.52	0.26	2015-08-09 17:15	2.38	0.24
2015-08-10 05:15	2.51	0.07	2015-08-10 05:40	2.42	0.16	2015-08-10 05:30	2.37	0.21

8月8日10时发布的"苏迪罗"台风影响期间温州市三大江的潮位预报值与实测值较为接近，具有较高精度，见表2.10。

表2.10　8月8日—10日高潮位预测与实测偏离表

单位：米

时间	江心屿			瑞安			鳌江		
	时间	预报	偏离	时间	预报	偏离	时间	预报	偏离
8月8日	16:40	3.21	−0.02	16:15	3.02	+0.00	15:55	3.13	+0.07
8月9日	4:40	2.99	−0.23	4:15	2.82	−0.08	4:05	2.90	+0.03
	18:10	2.94	−0.05	17:35	2.67	+0.15	17:25	2.68	+0.30
8月10日	6:10	2.60	+0.09	5:45	2.51	+0.09	5:35	2.57	+0.20

2.20.6　灾情

据统计，全市共有90个乡镇(街道)受灾，受灾人口166.24万人；倒塌房屋382间；农作物受灾面积76.77万亩，成灾面积50.69万亩，绝收面积6.32万亩，因灾减产粮食14.12万吨；损坏堤防503处，共45.38公里，损坏护岸1 280处、水闸60座，冲毁塘坝188座，损坏灌溉设施3 486处，损坏水文测站45个；公路中断303条次，供电中断317条次，通信中断19条次；停产工矿企业2 343家；直接经济损失达50.14亿元。全市因灾死亡12人，失踪4人，均为特大降雨导致山洪和泥石流灾害造成。

2.21 2016 年 14 号“莫兰蒂”台风

2.21.1 台风路径及登陆地点

2016 年 14 号台风“莫兰蒂”于 9 月 10 日 14 时在温州东南偏东方向生成，中心位于北纬 14.9°、东经 139.1°，中心附近最大风力 8 级(18 米/秒)，中心最低气压 998 百帕；11 日 14 时加强为强热带风暴；12 日 2 时加强为台风；12 日 8 时加强为强台风；12 日 11 时再次加强为超强台风，风力 16 级，最大风速 52 米/秒，中心最低气压 935 百帕；其间进一步加强，最大风力 17 级，最大风速 70 米/秒，中心最低气压 900 百帕；14 日 23 时减弱为强台风。15 日 3 时 05 分在厦门翔安沿海登陆，登陆时近中心最大风力 15 级(48 米/秒)，中心最低气压为 945 百帕，登陆后向西进入江西境内，然后往北经浙江、江苏交界区域和上海、山东进入黄海。

2.21.2 雨量

9 月 14 日 8 时至 17 日 8 时，全市面平均降雨量 226.2 毫米，各县(市、区)面平均降雨量较大的有泰顺县 283.7 毫米、文成县 261.8 毫米、鹿城区 249.6 毫米、永嘉县 247.8 毫米；累计雨量超过 400 毫米的有 17 站次，累计雨量超过 300 毫米的有 111 站次，较大降雨量站点为乐清市湖上垟 505 毫米、瓯海区犁头垟 494 毫米、文成县桂山 468.5 毫米，见图 2.24。

“莫兰蒂”台风影响期间，全市过程雨量在 500 毫米以上的站点有 1 个，笼罩面积为 21 平方公里，全市过程雨量为 400～500 毫米的站点有 16 个，笼罩面积为 198 平方公里，全市过程雨量为 300～400 毫米

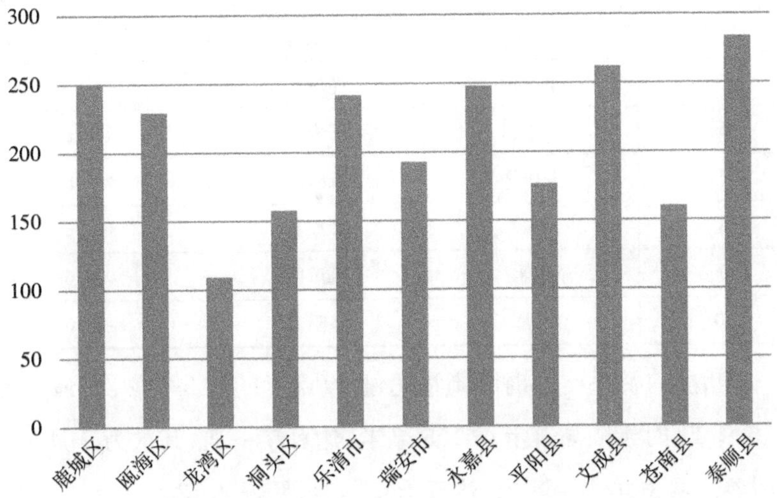

图 2.24 台风影响期间温州市各县(市、区)面平均降雨量柱状图(单位:毫米)

的站点有 94 个,笼罩面积为 2 261 平方公里,见表 2.11。

表 2.11 "莫兰蒂"台风影响期间温州市雨量分级表

雨量分级(毫米)	500 以上	400～500	300～400	200～300	100～200	0～100
面积(平方公里)	21	198	2 261	4 985	2 800	1 518
站数	1	16	94	205	77	143

全市过程雨量在 400 毫米以上的站点分布:瓯海区 5 站,文成县 4 站,泰顺县 3 站,平阳县 2 站,鹿城区、永嘉县和乐清市各 1 站,见表 2.12。

表 2.12 9 月 14 日 8 时—17 日 8 时温州市站点过程雨量

单位:毫米

序号	站名	所属地	过程雨量
1	湖上垟	乐清市	505.0
2	犁头垟	瓯海区	494.0
3	桂山	文成县	468.5
4	表山	永嘉县	464.0

续表

序号	站名	所属地	过程雨量
5	下冯山	鹿城区	452.5
6	分水村	文成县	446.5
7	五凤垟	瓯海区	432.5
8	夏炉	泰顺县	427.5
9	泽雅水库	瓯海区	426.5
10	吴垟	平阳县	423.0

全市所有测站 1 小时降雨量超过 30 毫米的有 585 站次，最大为 9 月 15 日 11 时泰顺县普上垟 105 毫米，达百年一遇，其次为 9 月 15 日 11 时泰顺县夏炉 101 毫米，达五十年一遇，见表 2.13。

温州市各流域 9 月 14 日 8 时—17 日 8 时降雨量见表 2.14。

表 2.13　9 月 14 日 8 时—17 日 8 时温州市 1 小时暴雨统计表(前 10)

序号	站名	所属地	时间	暴雨量(毫米)	重现期
1	普上垟	泰顺县	15 日 11 时至 12 时	105.0	100 年一遇
2	夏炉	泰顺县	15 日 11 时至 12 时	101.0	50 年一遇
3	犁头垟	瓯海区	15 日 23 时至 0 时	95.5	50 年一遇
4	泗溪	泰顺县	15 日 12 时至 13 时	93.0	50 年一遇
5	外垟	泰顺县	15 日 12 时至 13 时	92.5	50 年一遇
6	翁山	泰顺县	15 日 12 时至 13 时	92.5	50 年一遇
7	表山	永嘉县	16 日 2 时至 3 时	91.5	50 年一遇
8	林源	瑞安市	15 日 23 时至 0 时	88.5	50 年一遇
9	岩头	瑞安市	15 日 23 时至 0 时	88.5	50 年一遇
10	泽雅水库	瓯海区	15 日 23 时至 0 时	86.0	20 年一遇

表 2.14 温州市各流域 9 月 14 日 8 时—17 日 8 时降雨量统计表

单位:毫米

四级区	面平均降雨量	五级区	面平均降雨量	六级区	面平均降雨量
鳌江	189.7	鳌江平原	116.3	鳌江平原	116.3
		北港	216.3	埭头以上	263.2
				埭头以下	140.6
		南港及江南平原	188.9	江南平原	100.8
				灵溪以上	222.5
飞云江	233.3	马屿平原	213.0	马屿平原	213.0
		瑞安平原	123.4	瑞安平原	123.4
		瑞平平原	59.5	瑞平平原	59.5
		陶山平原	224.2	高楼溪	241.4
				金潮港上游	242.9
				金潮港下游	183.8
		赵山渡以上	261.9	珊溪以上	248.9
				珊溪以下	276.3
闽东诸河	240.7	闽东诸河	240.7	苍南片	98.4
				泰顺片	294.1
楠溪江	250.7	楠溪江上游	267.8	碧莲以上	277.5
				石柱以上	264.6
		楠溪江下游	170.5	楠溪江下游	170.5
瓯江下游干流	218.9	菇溪、西溪	257.7	菇溪、西溪	257.7
		乐柳平原	245.1	大荆溪	310.4
				乐清河网	201.6
				清江	214.6
		温州平原	195.1	洞头	199.8
				戍浦江	359.6
				温瑞塘河	172.6
				永强塘河	110.8

2.21.3 江河水情

“莫兰蒂”台风影响期间，全市瓯海区西山站、乐清市乐清站、乐清市柳市站、平阳县埭头站、泰顺县泗溪站超警戒水位，乐清市虹桥站、平阳县水头站、文成县峃口站、文成县泗溪站超保证水位，见表 2.15。

表 2.15 “莫兰蒂”台风影响期间温州市江河水情表

	所属地	站名	2016-09-14 8:00 水位（米）	2016-09-17 8:00 水位（米）	平均水位（米）	最高水位（米）	最高时间	警戒水位（米）	保证水位（米）
省级	龙湾	永强	2.37	2.27	2.47	2.72	09-15 22:55	3.1	3.6
省级	瓯海	西山	2.76	2.78	2.78	3.32	09-16 10:35	3.1	3.6
市级		帆游	2.65	2.69	2.63	2.79	09-15 13:35	3.1	3.6
省级	瑞安	塘下	2.64	2.66	2.62	2.74	09-15 14:45	3.1	3.6
市级		岭下	2.53	2.42	2.42	2.56	09-14 20:10	3.1	3.6
市级		林垟	2.68	2.46	2.56	2.73	09-14 22:00	3.1	3.5
市级		南码道	2.69	2.47	2.04	2.75	09-14 21:30	3.1	3.5
省级	乐清	乐清	2.36	2.40	2.62	3.56	09-15 18:20	3.2	3.7
市级		柳市	2.34	2.61	2.69	3.17	09-15 22:30	3.1	3.6
市级		虹桥	2.05	2.60	2.61	3.54	09-15 23:20	2.8	3.3
市级		硚头	104.01	104.08	104.43	105.64	09-15 18:45	106.5	107.0
省级	苍南	灵溪	3.08	3.50	4.86	5.17	09-15 9:10	5.7	7.1
省级		宜山	2.46	2.33	2.34	2.47	09-14 9:30	3.0	3.5
市级		金乡	2.47	2.35	2.32	2.48	09-14 8:45	3.0	3.5
市级		柳垟	2.90	4.07	4.12	6.34	09-16 8:15	6.4	8.5

续表

	所属地	站名	2016-09-14 8:00 水位（米）	2016-09-17 8:00 水位（米）	平均水位（米）	最高水位（米）	最高时间	警戒水位（米）	保证水位（米）
省级	平阳	平阳	2.70	2.49	2.62	2.79	09-15 0:30	3.1	3.6
省级		埭头	12.08	12.84	13.19	14.7	09-15 16:15	14.0	15.3
省级		水头	4.85	5.60	6.92	9.19	09-15 17:10	7.0	8.2
市级		鳌江内河	2.83	2.90	2.73	2.88	09-16 13:15	3.0	3.6
市级	泰顺	泗溪	394.65	394.72	395.43	397.86	09-15 13:35	397.7	399.6
省级	文成	峃口	21.95	22.77	23.65	29.68	09-15 15:15	27.0	28.0
省级		泗溪	49.00	49.04	49.70	53.82	09-15 14:15	52.0	53.4

鳌江中上游埭头水文站 9 月 15 日 16 时 15 分出现洪峰水位 14.70 米，相应流量 1 120 立方米/秒，超警戒水位 0.70 米，见图 2.25。

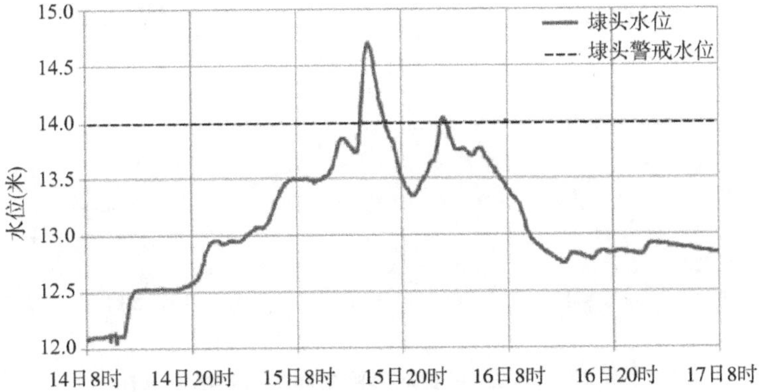

图 2.25 “莫兰蒂”台风影响期间埭头站水位过程

受上游洪水和下游高潮位顶托影响，水头站水位自 15 日 8 时 40 分超过警戒水位，15 日 13 时 40 分超过保证水位，17 时 20 分达到最高水位 9.19 米，一直持续到 16 日 14 时 20 分才退至警戒水位以下，淹没时间约 20 小时，见图 2.26。飞云江中游峃口水文站水位自 15 日

14 时 05 分超过警戒水位，14 时 25 分超过保证水位，15 时 15 分出现洪峰水位 29.68 米，相应洪峰流量 3 500 立方米/秒，见图 2.27。

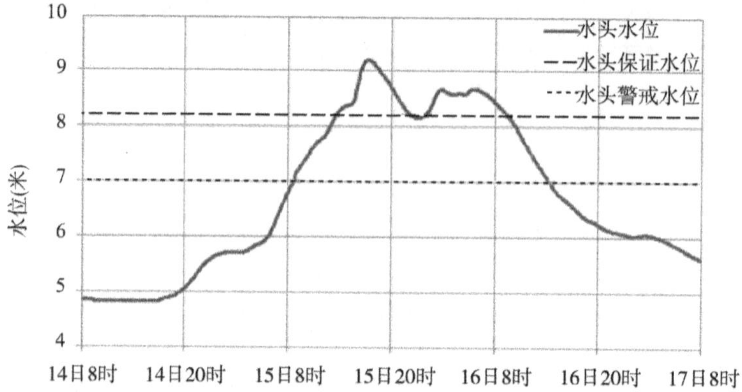

图 2.26 “莫兰蒂”台风影响期间水头站水位过程

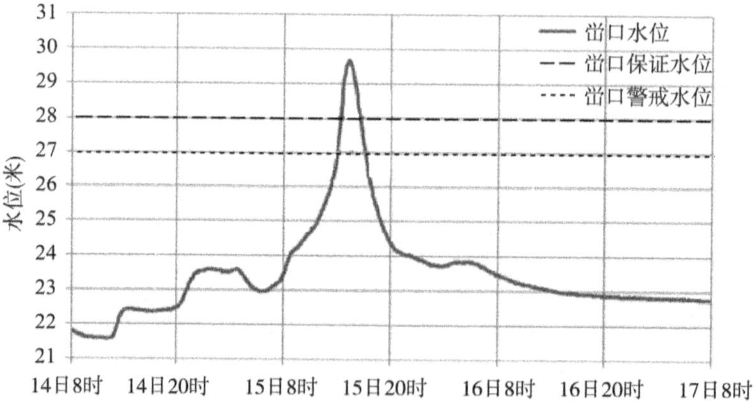

图 2.27 “莫兰蒂”台风影响期间岀口站水位过程

2.21.4 水库水情

9 月 17 日 8 时，全市大中型水库平均蓄水率为 99%，其中大型水库珊溪水库蓄水率为 99%，中型水库平均蓄水率为 101%，大中型水库蓄水总量 16.35 亿立方米，与 14 日 8 时相比，水库蓄水总量增加了

4.08 亿立方米，见表 2.16。

表 2.16 “莫兰蒂”台风影响期间温州市大中型水库蓄水动态表

县（市、区）	水库名称	2016 年 9 月 14 日 8 时			2016 年 9 月 17 日 8 时			蓄水量变化（万立方米）
		水位（米）	库容（万立方米）	蓄水率（%）	水位（米）	库容（万立方米）	蓄水率（%）	
乐清市	白石水库	19.79	323	37	26.49	624	72	301
	淡溪水库	34.82	1 165	51	39.96	2 058	91	893
	钟前水库	117.12	1 035	80	120.72	1 345	104	310
	福溪水库	213.43	437	32	228.12	1 513	112	1 076
永嘉县	北溪水库	391.29	1 317	50	408.21	2 844	109	1 527
	金溪水库	239.38	637	36	260.10	1 742	100	1 105
鹿城	仰义水库	60.99	348	51	62.08	389	57	41
瓯海	泽雅水库	84.44	1 618	38	107.46	4 604	109	2 986
瑞安市	林溪水库	66.47	372	68	71.51	703	129	331
文成县	百丈漈水库	641.77	972	29	650.98	2 999	90	2 027
	高二电水库	316.55	896	60	326.53	1 460	97	564
	高岭头水库	765.09	277	17	783.09	994	63	717
泰顺县	仙居水库	249.65	1 805	64	259.56	2 739	98	934
	三插溪水库	314.77	1 296	34	340.33	3 813	101	2 517
	双涧溪水库	387.62	770	90	389.02	851	100	81
苍南县	吴家园水库	34.46	795	59	36.78	994	74	199
	桥墩水库	44.74	3 383	84	51.65	4 982	123	1 599
平阳县	顺溪水库	161.54	1 458	105	169.46	1 940	141	482
	小计		18 759	52		36 476	101	17 717
瑞安市	赵山渡水库	21.49	2 265	91	21.82	2 401	96	136
文成县	珊溪水库	134.64	101 608	80	141.74	124 587	99	22 979
	合计		122 634	74		163 465	99	40 831

台风期间大中型水库最高水位超过警戒的有：钟前水库、北溪水库、金溪水库、双涧溪水库、三插溪水库、福溪水库、泽雅水库、林溪水库、桥墩水库、顺溪水库，见表 2.17。

表 2.17 “莫兰蒂”台风影响期间温州市大中型水库最高水位表

所属区域	站名	最高水位（米）	出现时间	台控水位（米）	超汛限水位（米）
瓯海区	泽雅水库	108.19	2016-09-17 00:25:00	104.97	3.22
永嘉县	北溪水库	410.28	2016-09-16 03:50:00	406.00	4.28
	金溪水库	262.11	2016-09-16 01:40:00	260.00	2.11
平阳县	顺溪水库	182.68	2016-09-15 20:40:00	160.00	22.68
苍南县	桥墩水库	52.94	2016-09-16 07:50:00	47.69	5.25
泰顺县	双涧溪水库	389.49	2016-09-15 10:05:00	389.00	0.49
	三插溪水库	340.75	2016-09-16 02:20:00	340.00	0.75
瑞安市	林溪水库	74.26	2016-09-16 00:45:00	69.29	4.97
乐清市	福溪水库	228.19	2016-09-16 19:05:00	226.31	1.88
	钟前水库	121.47	2016-09-16 12:05:00	120.16	1.31

2.21.5 潮位

受台风外围和天文大潮影响，全市沿海潮位站增水幅度为 0.3～0.8 米。由于全市正值天文大潮期，15 日起三大江潮位陆续超过警戒水位。三大江最高潮位均出现在 9 月 17 日 22 时左右。瓯江温州站最高潮位 4.54 米，超警戒水位 0.54 米；飞云江瑞安站最高潮位 4.44 米，超警戒水位 0.59 米；鳌江鳌江站最高潮位 4.24 米，超警戒水位 0.39米，见表 2.18。

表 2.18 “莫兰蒂”台风影响期间三大江最高潮位表

单位：米

温州		瑞安		鳌江	
时间	高潮位	时间	高潮位	时间	高潮位
14 日 08:00	3.02	14 日 07:35	2.89	14 日 07:30	2.83
14 日 20:30	3.70	14 日 19:50	3.59	14 日 19:40	3.66
15 日 08:40	3.75	15 日 08:10	3.50	15 日 07:35	3.39
15 日 20:30	4.31	15 日 20:40	3.69	15 日 20:35	3.57

续表

温州		瑞安		鳌江	
时间	高潮位	时间	高潮位	时间	高潮位
16 日 08:45	3.89	16 日 08:35	3.65	16 日 08:50	3.46
16 日 21:40	4.18	16 日 21:30	3.87	16 日 21:20	3.70
17 日 09:50	4.09	17 日 09:50	3.86	17 日 09:45	3.75
17 日 22:15	4.54	17 日 22:10	4.44	17 日 22:00	4.24
18 日 10:40	4.30	18 日 10:15	4.16	18 日 10:00	4.03
警戒水位	4.00	警戒水位	3.85	警戒水位	3.85

9 月 16 日 15 时发布的温州市三大江的潮水位预报值与实测值较为接近，具有较高精度，见表 2.19。

表 2.19 “莫兰蒂”台风影响期间高潮位预测与实测偏离表

单位：米

日期	温州			瑞安			鳌江		
	时间	预报	偏离	时间	预报	偏离	时间	预报	偏离
9 月 16 日	21:50	4.17	−0.01	21:30	3.87	0.00	20:50	3.82	0.12
9 月 17 日	10:00	4.34	0.25	09:40	4.08	0.22	09:00	4.02	0.27
	22:20	4.53	−0.01	22:00	4.22	−0.22	21:30	4.25	0.01
9 月 18 日	10:30	4.38	0.08	10:20	4.09	−0.07	09:40	4.10	0.07

2.21.6 灾情

据统计，全市 9 个县(区)受灾，受灾人口 90.21 万人，倒塌房屋 1 571 间；农作物受灾面积 28 413 公顷，成灾面积 18 067 公顷，绝收面积 6 600 公顷，因灾减产粮食6.86 万吨；损坏堤防 956 处，共 48.26 公里，损坏护岸 1 202 处，冲毁塘坝 713 座，损坏灌溉设施 3 058 处，损坏水文测站 34 个；公路中断 3 400 条次，供电中断 429 条次，通信中断 10 条次；停产工矿企业 1 177 家；直接经济损失达 45.27 亿元；全市因灾死亡 10 人，失踪 4 人。

2.22 2016年17号“鲇鱼”台风

2.22.1 台风路径及登陆地点

2016年17号台风“鲇鱼”于9月23日8时生成于菲律宾以东海面，为热带风暴，风力8级，最大风速18米/秒；9月25日8时，发展为台风，风力12级，最大风速33米/秒；9月27日2时，发展为超强台风，风力16级，最大风速52米/秒，中心最低气压935百帕；9月27日15时在中国台湾花莲市登陆，风力14级，最大风速45米/秒，之后往南经云林县；9月27日22时进入台湾海峡，强度减弱，方向朝西；9月28日5时在福建泉州登陆，风力12级，最大风速33米/秒，强度减弱，之后进入江西境内。

2.22.2 雨量

9月27日8时至30日8时，全市面平均降雨量249.2毫米，各县(市、区)面平均降雨量较大的有文成县466.3毫米、泰顺县391.5毫米、苍南县329.5毫米、平阳县309.7毫米，见图2.28。较大降雨量站点为文成县光明村794.5毫米、文成县公阳690.5毫米、苍南县天井668.0毫米、瑞安市枫岭629.5毫米、文成县桂山526.0毫米。全市所有测站1小时降雨量超过30毫米的有776站次，最大为9月28日18—19时瑞安市顺溪站101.0毫米，达百年一遇，其次为28日15—16时平阳县石牛坑98.5毫米，超五十年一遇，见表2.20。温州市各流域9月27日8时—30日8时降雨量见表2.21。

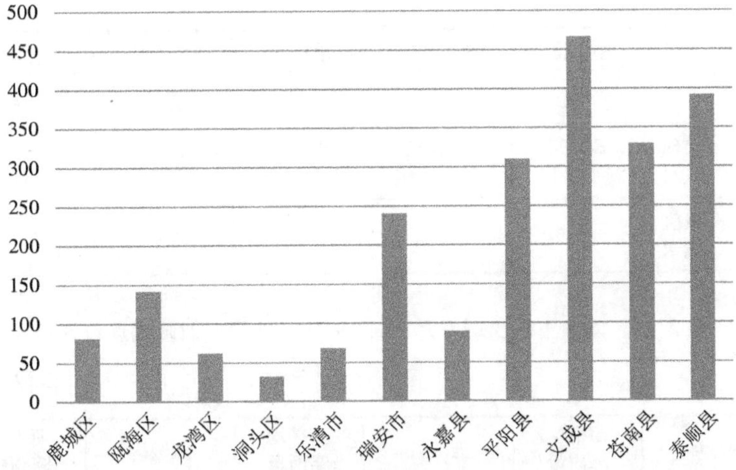

图 2.28　台风影响期间各县(市、区)面平均降雨量柱状图（单位:毫米）

表 2.20　9 月 27 日 8 时—30 日 8 时温州市暴雨统计表(前 5)

时段号	列名	第一位	第二位	第三位	第四位	第五位
1 小时	站点	顺溪	石牛坑	龙尾	山门	仙人岩
	出现时间	28 日 18 时—28 日 19 时	28 日 15 时—28 日 16 时	28 日 18 时—28 日 19 时	28 日 15 时—28 日 16 时	28 日 19 时—28 日 20 时
	极值(毫米)	101.0	98.5	94.5	92.5	91.0
3 小时	站点	龙尾	顺溪	周山	石牛坑	东三电
	出现时间	28 日 18 时—28 日 21 时	28 日 18 时—28 日 21 时	28 日 15 时—28 日 18 时	28 日 15 时—28 日 18 时	28 日 18 时—28 日 21 时
	极值(毫米)	212.5	212.0	193.5	190.0	190.0
6 小时	站点	龙尾	顺溪	东岩	东岩	东三电
	出现时间	28 日 16 时—28 日 22 时	28 日 16 时—28 日 22 时	28 日 16 时—28 日 22 时	28 日 17 时—28 日 23 时	28 日 16 时—28 日 22 时
	极值(毫米)	255.0	254.5	237.5	237.5	236.0
12 小时	站点	光明村	天井	龙尾	龙尾	顺溪
	出现时间	28 日 9 时—28 日 21 时	28 日 1 时—28 日 13 时	28 日 16 时—29 日 4 时	28 日 17 时—29 日 5 时	28 日 16 时—29 日 4 时
	极值(毫米)	394.0	391.5	343.0	343.0	340.0

续表

<table>
<tr><td>时段号</td><td>列名</td><td>第一位</td><td>第二位</td><td>第三位</td><td>第四位</td><td>第五位</td></tr>
<tr><td rowspan="3">24 小时</td><td>站点</td><td>光明村</td><td>天井</td><td>公阳</td><td>枫岭</td><td>枫岭</td></tr>
<tr><td>出现时间</td><td>28 日 0 时—29 日 0 时</td><td>27 日 17 时—28 日 17 时</td><td>27 日 23 时—28 日 23 时</td><td>27 日 23 时—28 日 23 时</td><td>28 日 0 时—29 日 0 时</td></tr>
<tr><td>极值（毫米）</td><td>635.5</td><td>558.5</td><td>527.5</td><td>509.0</td><td>509.0</td></tr>
</table>

表 2.21 温州市各流域 9 月 27 日 8 时—30 日 8 时降雨量统计表

单位：毫米

<table>
<tr><td>四级区</td><td>面平均降雨量</td><td>五级区</td><td>面平均降雨量</td><td>六级区</td><td>面平均降雨量</td></tr>
<tr><td rowspan="5">鳌江</td><td rowspan="5">339.2</td><td>鳌江平原</td><td>143.0</td><td>鳌江平原</td><td>143.0</td></tr>
<tr><td rowspan="2">北港</td><td rowspan="2">436.2</td><td>埭头以上</td><td>498.3</td></tr>
<tr><td>埭头以下</td><td>335.9</td></tr>
<tr><td rowspan="2">南港及江南平原</td><td rowspan="2">345.2</td><td>江南平原</td><td>218.9</td></tr>
<tr><td>灵溪以上</td><td>433.0</td></tr>
<tr><td rowspan="8">飞云江</td><td rowspan="8">362.2</td><td>马屿平原</td><td>335.0</td><td>马屿平原</td><td>335.0</td></tr>
<tr><td>瑞安平原</td><td>91.6</td><td>瑞安平原</td><td>91.6</td></tr>
<tr><td>瑞平平原</td><td>125.3</td><td>瑞平平原</td><td>125.3</td></tr>
<tr><td rowspan="3">陶山平原</td><td rowspan="3">278.2</td><td>高楼溪</td><td>519.3</td></tr>
<tr><td>金潮港上游</td><td>242.4</td></tr>
<tr><td>金潮港下游</td><td>215.0</td></tr>
<tr><td rowspan="2">赵山渡以上</td><td rowspan="2">442.7</td><td>珊溪以上</td><td>405.9</td></tr>
<tr><td>珊溪以下</td><td>485.2</td></tr>
<tr><td rowspan="2">闽东诸河</td><td rowspan="2">351.7</td><td rowspan="2">闽东诸河</td><td rowspan="2">351.7</td><td>苍南片</td><td>291.0</td></tr>
<tr><td>泰顺片</td><td>399.2</td></tr>
<tr><td rowspan="3">楠溪江</td><td rowspan="3">95.5</td><td rowspan="2">楠溪江上游</td><td rowspan="2">97.2</td><td>碧莲以上</td><td>108.8</td></tr>
<tr><td>石柱以上</td><td>93.2</td></tr>
<tr><td>楠溪江下游</td><td>86.5</td><td>楠溪江下游</td><td>86.5</td></tr>
</table>

续表

四级区	面平均降雨量	五级区	面平均降雨量	六级区	面平均降雨量
瓯江下游干流	87.3	菇溪西溪	74.9	菇溪西溪	74.9
		乐柳平原	68.6	大荆溪	83.5
				乐清河网	62.3
				清江	44.0
		温州平原	101.2	洞头	30.8
				戍浦江	188.3
				温瑞塘河	91.1
				永强塘河	60.2

2.22.3 江河水情

“鲇鱼”台风影响期间，平阳县平阳站、平阳县鳌江内河超警戒水位，苍南县灵溪站、苍南县柳垟站、平阳县埭头站、平阳县水头站、文成县峃口站、文成县泗溪站超保证水位，见表 2.22。

表 2.22 “鲇鱼”台风温州市江河水情表(9 月 27 日 8 时至 9 月 30 日 8 时)

单位:米

		站名	开始水位	结束水位	平均水位	最高水位	最高时间	警戒水位	保证水位
省级	龙湾	永强	2.35	2.26	2.20	2.35	2016-09-27 8:00	3.1	3.6
省级	瓯海	西山	2.63	2.74	2.64	2.93	2016-09-28 9:40	3.1	3.6
市级		帆游	2.60	2.64	2.59	2.81	2016-09-28 10:35	3.1	3.6
省级	瑞安	塘下	2.63	2.62	2.59	2.81	2016-09-28 9:30	3.1	3.6
市级		岭下	2.55	2.50	2.45	2.72	2016-09-28 8:15	3.1	3.6
市级		林垟	2.50	2.49	2.64	2.92	2016-09-28 21:25	3.1	3.5
市级		南码道	2.50	2.50	2.04	2.91	2016-09-28 20:55	3.1	3.5
省级	乐清	乐清	2.54	2.76	2.55	2.77	2016-09-30 4:05	3.2	3.7
市级		柳市	2.55	2.67	2.56	2.67	2016-09-30 6:35	3.1	3.6
市级		虹桥	2.21	2.56	2.30	2.56	2016-09-30 7:55	2.8	3.3
市级		硃头	103.78	104.15	103.98	104.20	2016-09-30 5:35	106.5	107.0

续表

		站名	开始水位	结束水位	平均水位	最高水位	最高时间	警戒水位	保证水位
省级	苍南	灵溪	3.12	5.00	5.40	7.21	2016-09-29 7:25	5.7	7.1
省级		宜山	2.17	2.33	2.51	2.81	2016-09-28 22:15	3.0	3.5
市级		金乡	2.19	2.27	2.48	2.78	2016-09-28 22:20	3.0	3.5
市级		柳垟	3.76	5.07	6.48	9.01	2016-09-29 6:25	6.4	8.5
省级	平阳	平阳	2.53	2.52	2.76	3.16	2016-09-28 12:15	3.1	3.6
省级		埭头	12.12	12.61	13.43	17.07	2016-09-28 17:10	14.0	15.3
省级		水头	4.63	6.61	7.93	11.38	2016-09-28 18:55	7.0	8.2
市级		鳌江内河	2.76	2.83	2.86	3.24	2016-09-28 8:25	3.0	3.6
市级	泰顺	泗溪	394.55	394.83	395.45	397.47	2016-09-28 6:30	397.7	399.6
省级	文成	峃口	22.62	24.57	26.42	29.96	2016-09-28 18:35	27.0	28.0
省级		泗溪	48.89	49.26	50.30	53.73	2016-09-28 17:20	52.0	53.4
省级	永嘉	石柱	17.11	17.74	17.75	18.56	2016-09-29 0:35	24.2	26.2

鳌江中上游埭头水文站 9 月 28 日 17 时 10 分出现洪峰水位 17.07 米，相应流量 3 180 立方米/秒，二十年一遇，超保证水位 1.77 米，见图 2.29。受上游洪水影响，水头站水位自 28 日 4 时 20 分超过警戒水位，5 时 05 分超过保证水位，19 时 00 分达到最高水位 11.38 米，截至 8 时水位为 7.93 米，超警戒水位 0.93 米，见图 2.30。

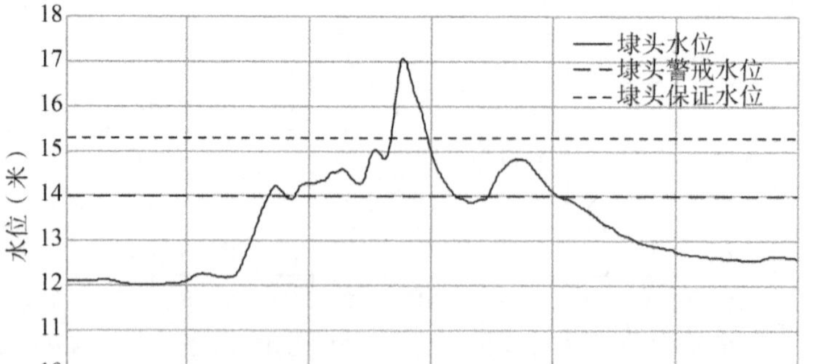

图 2.29 “鲇鱼”台风影响期间埭头站水位过程

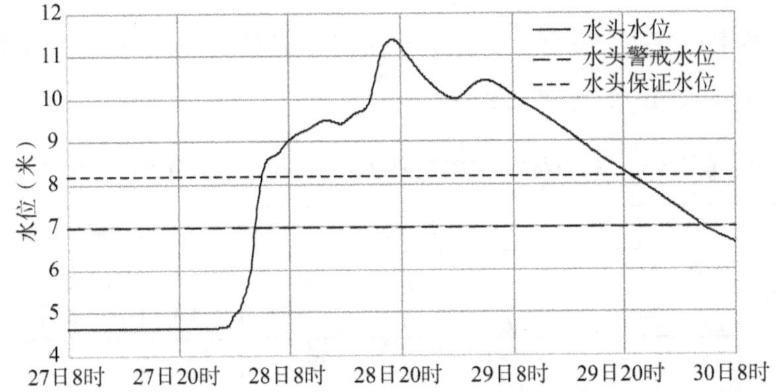

图 2.30 “鲇鱼”台风影响期间水头站水位过程

飞云江中游峃口水文站水位自 28 日 14 时 25 分超过警戒水位，16 时 30 分超过保证水位，18 时 40 分出现洪峰水位 29.96 米，相应洪峰流量 3 790 立方米/秒，截至 30 日 8 时水位为 26.42 米，见图 2.31。

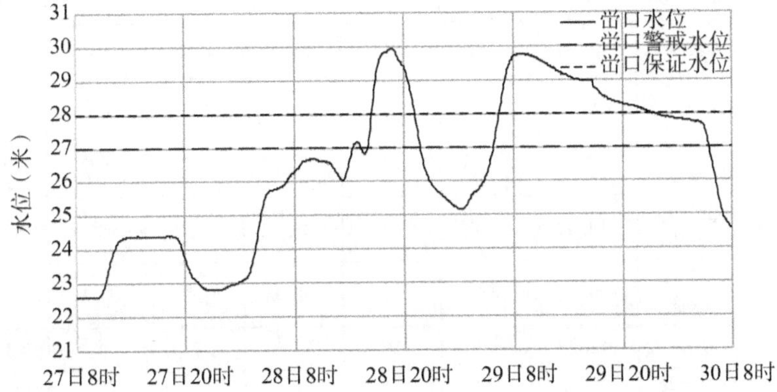

图 2.31 “鲇鱼”台风影响期间峃口站水位过程

2.22.4 水库水情

9 月 30 日 8 时，全市大中型水库平均蓄水率为 105%，其中大型水库珊溪水库蓄水率为 106%，中型水库平均蓄水率为 106%，大中型水库蓄水总量 17.36 亿立方米，与 27 日 8 时相比，水库蓄水总量增加了 2.81 亿立方米，见表 2.23。

表 2.23 “鲇鱼”台风影响期间温州市大中型水库蓄水动态表

县(市、区)	水库名称	2016 年 9 月 27 日 8 时			2016 年 9 月 30 日 8 时			蓄水量变化(万立方米)
		水位(米)	库容(万立方米)	蓄水率(%)	水位(米)	库容(万立方米)	蓄水率(%)	
乐清市	白石水库	29.78	792	92	29.80	793	92	1
	淡溪水库	36.74	1 466	64	36.37	1 406	62	−60
	钟前水库	119.18	1 205	93	119.41	1 226	94	21
	福溪水库	225.50	1 271	94	226.14	1 328	98	57
永嘉县	北溪水库	401.64	2 150	82	404.85	2 471	95	321
	金溪水库	248.87	1 070	61	246.80	966	55	−104
鹿城	仰义水库	60.99	348	51	62.08	389	57	41
瓯海	泽雅水库	101.97	3 732	88	105.38	4 261	101	529
瑞安市	林溪水库	68.59	498	91	71.34	691	127	193
文成县	百丈漈水库	648.89	2 398	71	652.22	3 408	102	1 010
	高二电水库	318.82	1 003	67	326.81	1 478	99	475
	高岭头水库	780.60	860	54	792.29	1 597	101	737
泰顺县	仙居水库	244.23	1 420	50	259.63	2 747	98	1 327
	三插溪水库	336.47	3 323	88	341.36	3 952	104	629
	双涧溪水库	385.33	647	76	389.01	850	100	203
苍南县	吴家园水库	36.45	964	72	42.59	1 548	115	584
	桥墩水库	47.75	4 037	100	54.07	5 625	139	1 588
平阳县	顺溪水库	154.97	1 127	81	187.25	3 448	250	2 321

续表

县(市、区)	水库名称	2016年9月27日8时			2016年9月30日8时			蓄水量变化(万立方米)
		水位(米)	库容(万立方米)	蓄水率(%)	水位(米)	库容(万立方米)	蓄水率(%)	
	小计		28 387	78		38 226	106	9 839
瑞安市	赵山渡水库	20.93	2 042	82	20.90	2 030	81	−12
文成县	珊溪水库	138.92	115 136	91	144.26	133 391	106	18 255
	合计		145 566	88		173 647	105	28 081

台风期间大中型水库最高水位超过警戒的有：百丈漈水库、高二电水库、吴家园水库、三插溪水库、泽雅水库、林溪水库、桥墩水库、顺溪水库、珊溪水库、赵山渡水库、高岭头水库，见表2.24。

表2.24 温州市大中型水库水位超警分析

站名	最高水位(米)	出现时间	台控水位(米)	超汛限水位(米)
顺溪水库	191.30	2016-09-28 16:00	160.00	31.3
赵山渡水库	22.19	2016-09-29 5:00	22.00	0.19
珊溪水库	147.40	2016-09-29 8:00	142.04	5.36
三插溪水库	341.29	2016-09-29 2:00	340.00	1.29
林溪水库	72.06	2016-09-28 12:00	69.29	2.77
高岭头水库	792.00	2016-09-29 7:00	792.00	0
桥墩水库	58.92	2016-09-29 4:00	47.69	11.23
泽雅水库	106.53	2016-09-29 0:00	104.97	1.56
百丈漈水库	653.46	2016-09-28 21:00	652.00	1.46
高二电水库	327.27	2016-09-28 15:00	327.00	0.27
吴家园水库	45.31	2016-09-29 8:00	40.49	4.82

2.22.5 潮位

受台风外围和上游洪水影响，瓯江温州站增水约 0.6 米，最高潮位 4.24 米，超警戒水位 0.24 米。

2.22.6 灾情

据统计，全市受灾人口 110.66 万人；倒塌房屋 303 间；农作物受灾面积 59.81 万亩，成灾面积 32.41 万亩，绝收面积 6.0 万亩；公路中断 772 条次，供电中断 203 条次，通信中断 57 条次；损坏堤防 938 处，损坏护岸 965 处，损坏水闸 14 座，损坏灌溉设施 1 870 处；因洪涝灾害造成的直接经济损失达 35.98 亿元。特别让我们痛心的是，文成县双桂乡宝丰村突发泥石流灾害，冲毁房屋，导致 3 人死亡、3 人失踪。

2.23 2019 年 9 号“利奇马”台风

2.23.1 台风路径及登陆地点

2019 年 9 号台风“利奇马”于 8 月 4 日 14 时生成于菲律宾以东海面，为热带风暴，风力 8 级，最大风速 18 米/秒；8 月 7 日 5 时，发展为台风，风力 12 级，最大风速 33 米/秒；8 月 7 日 23 时，发展为超强台风，风力 16 级，最大风速 52 米/秒，中心最低气压 930 百帕；之后强度进一步加强，最大风力 17 级，最大风速 62 米/秒，中心最低气压 915 百帕。8 月 10 日 2 时在台州玉环登陆，风力 16 级，最大风速 52 米/秒，中心最低气压 930 百帕。该台风为 2019 年以来登陆中国的最强台风和 1949 年以来登陆浙江第三强的台风，登陆后强度减弱，进入温州乐清，于 8 月 10 日 4 时进入台州境内，随后纵穿浙江、江苏两省并移入黄海海面，又于 8 月 11 日 20 时 50 分许在山东省青岛市黄岛区沿海再次登陆，登陆时中心附近最大风力有 9 级(23 米/秒)，此后移入渤海海面并不断减弱，最终于 8 月 13 日 14 时停止编号。

2.23.2　雨量

受"利奇马"台风影响，温州市普降大到暴雨，暴雨中心出现在温州北部乐清和永嘉等片区。这次暴雨的特点是：降雨量大、降雨强度大、降雨时空分布不均、降雨集中等。

(1) 降雨量大

"利奇马"台风影响期间(8 月 8 日 8 时至 11 日 8 时)，全市面平均降雨量 121.9 毫米，各县(市、区)面平均降雨量较大的有乐清市 528.8 毫米、永嘉县 283.8 毫米、洞头区 226.0 毫米、龙湾区 173.0 毫米，见图 2.32。过程雨量较大站点为乐清市福溪站 927.0 毫米、山岙头站 717.5 毫米、岭里站 645.0 毫米、叶山站 644.5 毫米，永嘉县中保站 624.0 毫米、黄山站 618.8 毫米，乐清市砩头站 615.5 毫米，见表 2.25。

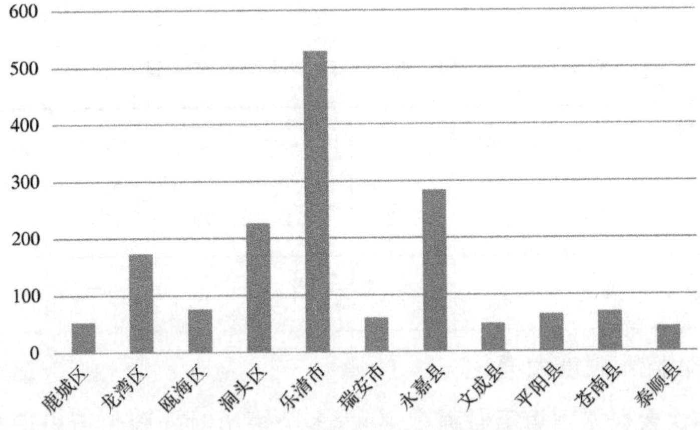

图 2.32　台风期间各县(市、区)面平均降雨量柱状图(单位：毫米)

表2.25　8月8日8时—11日8时温州市站点过程雨量

单位:毫米

排序	所属地	站名	8日雨量	9日雨量	10日雨量	雨量累计	站点性质
1	乐清	福溪水库	34.5	882.0	10.5	927.0	基本站
2	乐清	山岙头	46.5	642.5	28.5	717.5	基本站
3	乐清	岭里	52.0	580.0	13.0	645.0	遥测站
4	乐清	叶山	46.0	577.0	21.5	644.5	基本站
5	永嘉	中保	42.2	563.4	18.4	624.0	基本站
6	永嘉	黄山	26.4	563.4	29.0	618.8	基本站
7	乐清	硃头	40.5	559.5	15.5	615.5	基本站
8	乐清	太湖山	31.0	580.0	11.5	622.5	遥测站
9	乐清	上垟	33.0	545.0	0.0	578.0	遥测站
10	乐清	巨坑庵	33.5	514.5	10.0	558.0	遥测站

"利奇马"台风过程雨量在700毫米以上的站点有2个,笼罩面积为21平方公里;过程雨量为600～700毫米的站点有4个,笼罩面积为91平方公里;过程雨量为500～600毫米的站点有14个,笼罩面积为252平方公里;过程雨量为400～500毫米的站点有24个,笼罩面积为434平方公里,见表2.26。

表2.26　"利奇马"台风影响期间暴雨笼罩面积表

雨量分级(毫米)	700以上	600～700	500～600	400～500	300～400	200～300	100～200
面积(平方公里)	21	91	252	434	490	943	1 903
站数	2	4	14	24	27	52	105

(2) 降雨强度大

本次台风暴雨短历时强度很大,多个短历时暴雨超历史记录,全市水文站点1小时降雨量超过30毫米的达299站次。其中,乐清福溪水库站最大 1 小时降雨量 168.5 毫米，最大 60 分钟降雨量 185.5 毫米，最大 3 小时降雨量 441.0 毫米，最大 180 分钟降雨量 443.0 毫米，最大 6 小时降雨量 565.0 毫米，最大 360 分钟降雨量 567.5 毫米，最大 12 小时降雨量 750.0 毫米，最大 720 分钟降雨量 751.5 毫米，最大 24 小时降雨量 883.5 毫米，最大 1 440 分钟降雨量 887.0 毫米，最大 1 日降雨量 882.0 毫米，最大 3 日降雨量 927.0 毫米，均超本站历史观测记录，位列全省第一。其中，最大 180 分钟降雨量 443.0 毫米在全国排名第二(第一位为河南省林庄 494.6 毫米，发生于 1975 年 8 月 7 日)。永嘉黄南雨量站最大 1 小时降雨量 57.0 毫米；最大 3 小时降雨量 154.0 毫米，破本站历史观测记录；最大 6 小时降雨量 209.2 毫米，近三十年一遇，破本站历史观测记录；最大 24 小时降雨量 424.0 毫米，三十年一遇，破本站历史观测记录；黄山站最大 1 小时降雨量 58.8 毫米，最大 3 小时降雨量 146.6 毫米，最大 6 小时降雨量 226.8 毫米，最大 24 小时降雨量 572.6 毫米，近三十年一遇。

东林水库位于乐清市大荆镇前溪村，集雨面积 4.76 平方公里，总库容 73.7 万立方米，属于小(二)型水库。8 月 10 日受超强台风“利奇马”影响，最大日降雨量 483.5 毫米(8 月 10 日 5 时 45 分后数据中断)，最大 1 小时降雨量 102.0 毫米，最大 5 分钟降雨量 35.0 毫米，最大 10 分钟降雨量 63.5 毫米，其过程雨量见表 2.27。

表 2.27　乐清东林水库站短历时暴雨过程表

日期	时间	降雨量(毫米)	日期	时间	降雨量(毫米)
8 月 10 日	2:50—2:55	3.0	8 月 10 日	3:10—3:15	26.0
	2:55—3:00	6.0		3:15—3:20	1.5
	3:00—3:05	28.5		3:20—3:25	1.5
	3:05—3:10	35.0		3:25—3:00	

从表 2.27 可以看出，最大 5 分钟降雨量出现在 3:00—3:15，而

2:55—3:00只有 6.0 毫米，3:15—3:20 只有 1.5 毫米，从雨型上分析，该 5 分钟降雨量可能不实，故不作特征值统计分析。

（3）降雨时空分布不均

本次降雨最大区域主要在乐清市北部、永嘉县北部。乐清市面平均降雨量 528.8 毫米，永嘉县面平均降雨量 283.8 毫米，洞头区面平均降雨量 226.0 毫米，龙湾区面平均降雨量 173.0 毫米，而瓯海、瑞安、文成、平阳、泰顺面平均降雨量均在 80 毫米以下，其中泰顺面平均降雨量只有 43.4 毫米。

（4）降雨集中

降雨时间主要在台风登陆前后，即 8 月 9 日 8 时至 10 日 8 时，并随着台风的临近逐渐增大，最大降雨集中出现在 10 日凌晨，随后变小，呈现出典型的单峰型雨。其中，福溪站过程降雨量见图 2.33。

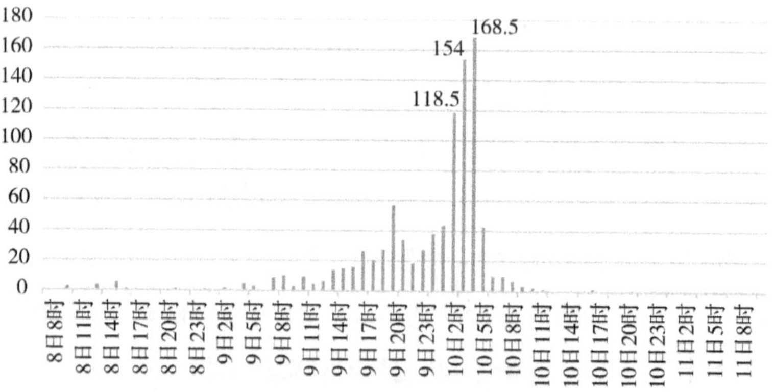

图 2.33　福溪站过程降雨量柱状图（单位：毫米）

2.23.3　江河水情

“利奇马”台风期间，乐清站最高水位 3.44 米，超过警戒水位 0.24 米；柳市站最高水位 3.36 米，超过警戒水位 0.26 米；虹桥站最高水位 3.62 米，超过保证水位 0.32 米；硹头站最高水位 106.80 米，超过警戒水位0.30米；石柱站最高水位28.14米，超过保证水位1.94米；其余江河控制站水位均在警戒水位以下，见表2.28。

表2.28 温州市8月8日8时至8月11日8时河网水情表

县(市、区)	分类	站名	8日8时水位(米)	11日8时水位(米)	平均水位(米)	最高水位(米)	最高时间	警戒水位(米)	保证水位(米)
龙湾	省级	永强	2.18	2.37	2.23	2.51	10日6:45	3.10	3.60
瓯海	省级	西山	2.68	2.45	2.46	2.69	8日8:10	3.10	3.60
	市级	帆游	2.64	2.44	2.50	2.65	9日23:10	3.10	3.60
瑞安	省级	塘下	2.65	2.45	2.53	2.69	9日22:25	3.10	3.60
	市级	岭下	2.62	2.42	2.42	2.64	8日11:00	3.10	3.60
	市级	林垟	2.66	2.42	2.49	2.67	8日16:40	3.10	3.50
	市级	南码道	2.67	2.43	2.20	2.67	8日8:00	3.10	3.50
	市级	河呑	7.62	7.67	7.76	8.24	10日5:25	12.70	14.40
乐清	省级	乐清	2.57	2.13	2.45	3.44	10日6:35	3.20	3.70
	市级	柳市	2.57	2.63	2.75	3.36	10日7:35	3.10	3.60
	市级	虹桥	1.95	2.51	2.60	3.62	10日9:15	2.80	3.30
	市级	砩头	103.73	104.08	104.39	106.80	10日3:50	106.50	107.00
苍南	省级	灵溪	2.77	2.76	2.56	2.89	8日14:45	5.70	7.10
	省级	宜山	2.58	2.49	2.49	2.59	8日8:40	3.00	3.50
	市级	金乡	2.55	2.46	2.48	2.56	8日8:15	3.00	3.50
	市级	柳垟	2.69	2.62	2.63	2.96	10日0:20	6.40	8.50
平阳	省级	平阳	2.64	2.38	2.49	2.65	8日16:05	3.10	3.60
	省级	埭头	11.78	11.76	12.00	12.15	10日13:25	14.00	15.30
	省级	水头	4.46	4.59	4.53	4.65	10日13:35	7.00	8.20
	市级	鳌江内河	2.71	2.65	2.61	2.81	9日6:20	3.00	3.60
泰顺	市级	泗溪	394.57	394.65	394.70	395.23	10日1:00	397.70	399.60
文成	省级	峃口	22.65	21.16	22.10	22.71	9日2:25	27.00	28.00
	省级	泗溪	48.79	48.81	48.84	49.05	9日21:35	52.00	53.40
永嘉	省级	石柱	17.20	18.76	20.15	28.14	10日10:15	24.20	26.20

2.23.4 水库水情

8月11日8时，全市大中型水库平均蓄水率为75%，其中大型水库珊溪水库蓄水率为75%，中型水库平均蓄水率为77%，大中型水库蓄水总量12.414 0亿立方米，与8月8日8时相比，水库蓄水总量增加3 034万立方米。11日8时北溪水库水位408.54米，超汛限水位0.54米；福溪水库水位228.47米，超汛限水位0.16米；钟前水库水位122.32米，超汛限水位2.16米，见表2.29。

表2.29 “利奇马”台风影响期间温州市大中型水库蓄水动态表

县(市、区)	水库名称	2019年8月8日8时			2019年8月11日8时			蓄水变化(万立方米)
		现有水位(米)	现有库容(万立方米)	蓄水率(%)	现有水位(米)	现有库容(万立方米)	蓄水率(%)	
鹿城区	仰义水库	62.68	413	61	62.57	409	61	−4
瓯海区	泽雅水库	99.36	3 353	80	99.86	3 424	82	71
乐清市	白石水库	28.24	712	83	30.96	857	100	145
	淡溪水库	25.25	194	9	37.60	1 613	73	1 419
	福溪水库	225.53	1 275	83	228.47	1 546	101	271
	钟前水库	116.43	983	76	122.32	1 499	116	516
瑞安市	林溪水库	65.85	339	49	65.69	331	48	−8
	赵山渡水库	21.28	2 181	88	21.06	2 093	85	−88
永嘉县	北溪水库	398.33	1 852	66	408.54	2 884	102	1 032
	金溪水库	246.82	967	56	259.59	1 707	98	740
文成县	百丈漈水库	626.10	2 160	65	626.98	2 383	71	223
	高二电水库	311.09	670	45	310.87	661	44	−9
	高岭头水库	782.29	950	60	782.85	981	62	31
平阳县	顺溪水库	150.70	940	68	153.87	1 077	78	137

续表

县(市、区)	水库名称	2019年8月8日8时			2019年8月11日8时			蓄水变化(万立方米)
		现有水位(米)	现有库容(万立方米)	蓄水率(%)	现有水位(米)	现有库容(万立方米)	蓄水率(%)	
泰顺县	三插溪水库	334.91	3 136	83	333.32	2 953	78	−183
	双涧溪水库	383.52	559	66	382.82	527	62	−32
	仙居水库	244.11	1 413	51	243.31	1 363	49	−50
苍南县	桥墩水库	41.06	2 662	66	41.74	2 790	69	128
	吴家园水库	34.72	817	61	35.73	902	67	85
小计			25 576	66		30 004	77	4 428
文成县	珊溪水库	132.59	95 529	76	132.10	94 136	75	−1 394
合计			121 105	74		124 140	75	3 035

8月8日8时至8月11日8时，在该时段期间，白石水库、福溪水库、钟前水库、北溪水库、金溪水库共5座水库超汛限水位，其他大中型水库站点均在汛限水位以下，见表3.20。

表2.30 "利奇马"台风影响期间温州市大中型水库最高水位表

河名	站名	最高水位(米)	出现时间	台控水位	超汛限水位(米)
楠溪江	金溪水库	261.43	2019-08-10 15:00	260.00	1.43
楠溪江	北溪水库	412.49	2019-08-10 8:00	408.00	4.49
瓯江下游干流	福溪水库	232.13	2019-08-10 5:10	228.31	3.82
瓯江下游干流	白石水库	32.21	2019-08-10 21:00	31.00	1.21
瓯江下游干流	钟前水库	124.87	2019-08-10 19:00	120.16	4.71

2.23.5 潮位

受台风外围影响，全市沿海潮位站增水幅度为0.4～0.8米。由于全市正值天文小潮期，本次台风三大江潮位均未超过警戒水位。

瓯江温州站最高潮位3.25米，飞云江瑞安站最高潮位2.82米，鳌江鳌江站最高潮位2.66米，见表2.31。

表2.31 "利奇马"台风影响期间三大江最高潮位表

温州		瑞安		鳌江	
时间	高潮位（米）	时间	高潮位（米）	时间	高潮位（米）
8日15:45	2.90	8日14:45	2.53	8日15:10	2.59
9日3:50	3.19	9日3:45	2.82	9日2:40	2.66
9日16:50	3.10	9日16:50	2.50	9日16:00	2.60
10日5:30	3.25	10日4:50	2.62	10日4:50	2.53
10日17:55	2.67	10日17:40	2.20	10日17:40	2.25
警戒水位	4.00	警戒水位	3.85	警戒水位	3.85

2.23.6 灾情

据统计，全市共有183个乡镇（街道）受灾，受灾人口185.03万人；倒塌房屋404间；农作物受灾面积36 592公顷，成灾面积15 540公顷，绝收面积4 447.3公顷；毁坏道路313条，其中乡道以上公路42条，中断电力线路572条、通信基站888座、农村饮用水工程229处；受灾企业474家；全市因灾死亡36人，失联2人，直接经济损失高达93.3亿元，仅次于2006年的"桑美"台风，为2007年以来之最。

2.24 2020年4号"黑格比"台风

2.24.1 台风路径及登陆地点

2020年7月31日9时许，一个热带扰动在菲律宾北部吕宋岛以东的西北太平洋洋面上生成；8月1日20时，"黑格比"中心位于北纬21.3°、东经127.1°，以15公里/时的速度向西北移动，中心附近最大风力8级(18米/秒);8月3日14时,加强为台风;8月4日3时30分前后,“黑格比”以近巅峰强度在乐清市沿海登陆,登陆时中心附近最大风力有13级(38米/秒),中心最低气压为970百帕,为时隔14年首次在温州登陆的台风。

2.24.2 雨量

受“黑格比”台风影响,温州市普降大到暴雨,暴雨中心出现在温州北部的乐清市、永嘉县和环大罗山区域。这次暴雨的特点是:降雨量大、降雨强度大、降雨集中、降雨时空分布不均等。

(1) 降雨量大

台风影响期间,8月3日8时至4日20时,全市面平均降雨量118.3毫米,各县(市、区)面平均降雨量较大的有龙湾区277.5毫米、乐清市268.3毫米、永嘉县212.1毫米、瓯海区188.7毫米、鹿城区和洞头区164.1毫米。较大降雨量站点为乐清市砩头503毫米、小坑412毫米、李家山406毫米,见图2.34。

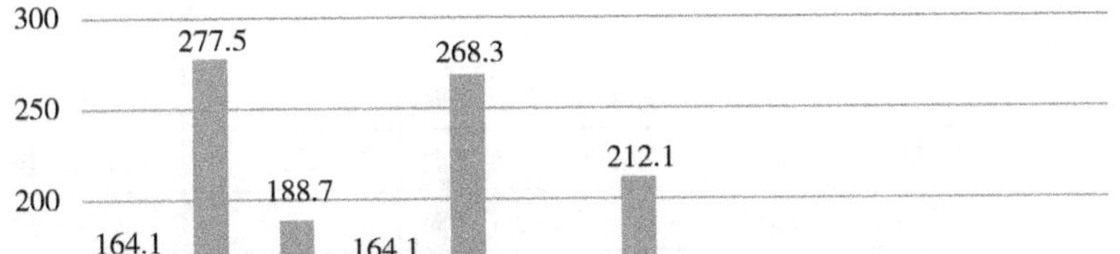

图2.34 台风期间各县(市、区)面平均降雨量柱状图(单位:毫米)

“黑格比”台风过程雨量在500毫米以上的站点有1个，笼罩面积为12平方公里；过程雨量为400～500毫米的站点有3个，笼罩面积为32平方公里；过程雨量为300～400毫米的站点有41个，笼罩面积为422平方公里，见表2.32。

表2.32 “黑格比”台风影响期间温州市雨量分级表

雨量分级(毫米)	500以上	400～500	300～400	200～300	100～200
面积(平方公里)	12	32	422	2 396	1 903
站数	1	3	41	204	192

(2) 降雨强度大

本次台风暴雨短历时强度极大，全市水文站点1小时降雨量超过30毫米的达853站次，最大为8月4日5时至6时乐清市石帆117.0毫米，其次为4日5时至6时乐清市蒲岐101.0毫米，再次为4日6时至7时乐清市玛瑙95.0毫米，见表2.33。

表2.33 “黑格比”台风影响期间温州市1 h暴雨统计表(前10)

序号	站名	所属地	时间	暴雨量(毫米)	重现期
1	石帆	乐清	8月4日5时至6时	117.0	超100年一遇
2	蒲岐	乐清	8月4日5时至6时	101.0	100年一遇
3	玛瑙	乐清	8月4日6时至7时	95.0	50年一遇
4	天柱寺	龙湾	8月4日4时至5时	90.0	50年一遇
5	乐清	乐清	8月4日6时至7时	89.0	20年一遇
6	七里港	乐清	8月4日4时至5时	88.0	50年一遇
7	度山村	龙湾	8月4日4时至5时	87.0	50年一遇
8	野树山二级水库	永嘉	8月4日5时至6时	86.0	20年一遇
9	永兴	龙湾	8月4日4时至5时	85.0	20年一遇
10	小坑	乐清	8月4日5时至6时	84.0	20年一遇

(3) 暴雨中心分析

本次台风暴雨主要集中在温州北部的乐清市、永嘉县和环大罗山区域。

① 乐清市：台风影响期间，乐清市面平均降雨量 268.3 毫米，较大降雨量站点为砩头 503 毫米、小坑 412 毫米、李家山 406 毫米。

最大 1 小时降雨量：4 日 5 时—6 时石帆 117 毫米（超 100 年一遇），4 日 5 时—6 时蒲岐 101 毫米（100 年一遇），4 日 6 时—7 时，玛瑙 95 毫米（50 年一遇）。最大 3 小时降雨量：4 日 7 时—10 时石帆 251 毫米（超 100 年一遇），4 日 7 时—10 时小坑 222 毫米（超 100 年一遇），4 日 7 时—10 时七里港 211.5 毫米（超 100 年一遇）。

② 永嘉县：台风影响期间，永嘉面平均降雨量 212.1 毫米，较大降雨量站点为龙头水库 362 毫米、野树山二级水库 352 毫米、半岭水库 346 毫米。

最大 1 小时降雨量：4 日 5 时—6 时野树山二级水库 86.0 毫米（20 年一遇），4 日 5 时—6 时岳田水库 83.5 毫米（20 年一遇），4 日 5 时—6 时龙头水库75.5 毫米（10 年一遇）。最大 3 小时降雨量：4 日 7 时—10 时，野树山二级水库 211 毫米（超 100 年一遇），4 日 5 时—8 时岳田水库 186 毫米（100 年一遇），4 日 7 时—10 时龙头水库 182 毫米（100 年一遇）。

③ 环大罗山区域：台风影响期间面平均降雨量 296.4 毫米，较大降雨量站点为天柱寺水库 402.5 毫米、瑶湖水库 365 毫米、秀垟水库 358.5 毫米。

最大 1 小时降雨量：4 日 4 时—5 时天柱寺水库 90 毫米（50 年一遇），4 日 4 时—5 时度山村 87 毫米（50 年一遇），4 日 4 时—5 时沙城 82.5 毫米（20 年一遇）。最大 3 小时降雨量：4 日 4 时—7 时，天柱寺水库 216 毫米（超 100 年一遇），4 日 6 时—9 时状元 197.5 毫米（100 年一遇），4 日 5 时—8 时白水水库 192 毫米（100 年一遇）。

2.24.3 江河水情

“黑格比”台风影响期间，永强、帆游、塘下、乐清、柳市、虹桥和石柱站超过保证水位；西山和岭下站超过警戒水位，见表 2.34。温瑞平水系、乐柳虹水系和江西垟、江南垟平原开闸预排，全市河网共预排 10 397 万立方米。

表 2.34 温州市“黑格比”台风影响期间江河水情表

县(市、区)	分类	站名	3 日 8 时水位(米)	4 日 20 时水位(米)	平均水位水位(米)	最高水位水位(米)	最高时间	警戒水位(米)	保证水位(米)
龙湾	省级	永强	2.23	2.96	2.61	3.63	4 日 10:30	3.10	3.60
瓯海	省级	西山	2.64	3.04	2.79	3.56	4 日 11:10	3.10	3.60
	市级	帆游	2.61	3.61	3.02	3.85	4 日 9:45	3.10	3.60
瑞安	省级	塘下	2.60	3.47	2.93	3.62	4 日 11:15	3.10	3.60
	市级	岭下	2.59	2.67	2.59	3.19	4 日 11:30	3.10	3.60
	市级	林垟	2.69	2.56	2.60	2.72	4 日 11:45	3.10	3.50
	市级	南码道	2.69	1.41	2.01	2.76	4 日 11:45	3.10	3.50
	市级	河岙	7.68	8.85	8.39	10.07	4 日 10:15	12.70	14.40
乐清	省级	乐清	2.69	2.93	2.95	4.00	4 日 9:55	3.20	3.70
	市级	柳市	2.69	3.58	3.07	3.85	4 日 12:30	3.10	3.60
	市级	虹桥	2.20	3.47	2.73	3.69	4 日 11:35	2.80	3.30
	市级	硐头	103.76	104.29	104.52	106.37	4 日 7:30	106.50	107.00
苍南	省级	灵溪	2.56	2.60	2.60	2.85	4 日 13:00	5.70	7.10
	省级	宜山	2.36	2.45	2.42	2.59	4 日 12:25	3.00	3.50
	市级	金乡	2.32	2.27	2.36	2.50	4 日 12:20	3.00	3.50
	市级	柳垟	2.01	2.03	2.06	2.23	4 日 13:00	6.40	8.50
平阳	省级	平阳	2.65	2.66	2.61	2.77	4 日 12:55	3.10	3.60
	省级	埭头	11.84	12.07	11.83	12.08	4 日 19:45	14.00	15.30
	省级	水头	4.47	4.67	4.62	4.95	3 日 23:45	7.00	8.20
	市级	鳌江内河	2.83	2.66	2.74	2.92	4 日 12:10	3.00	3.60

续表

县(市、区)	分类	站名	3日8时水位(米)	4日20时水位(米)	平均水位水位(米)	最高水位水位(米)	最高时间	警戒水位(米)	保证水位(米)
泰顺	市级	泗溪	394.54	394.50	394.51	394.55	3日23:30	397.70	399.60
文成	省级	峃口	21.14	21.91	21.42	21.91	4日19:50	27.00	28.00
	省级	泗溪	48.64	48.66	48.74	48.82	4日10:30	52.00	53.40
永嘉	省级	石柱	17.21	21.94	19.73	26.41	4日14:25	24.20	26.20

2.24.4 水库水情

8月4日20时，全市大中型水库平均蓄水率69%，其中大型水库珊溪水库蓄水率为70%，中型水库平均蓄水率为67%，大中型水库蓄水总量11.366 3亿立方米，与8月3日8时相比，水库蓄水总量增加6 125万立方米，见表2.35。

表2.35 “黑格比”台风影响期间温州市大中型水库蓄水动态表

县(市、区)	水库名称	2020年8月3日8时			2020年8月4日20时			蓄水变化(万立方米)
		现有水位(米)	现有库容(万立方米)	蓄水率(%)	现有水位(米)	现有库容(万立方米)	蓄水率(%)	
鹿城区	仰义水库	56.50	202	30	58.86	274	41	72
瓯海区	泽雅水库	93.49	2 582	62	99.83	3 420	82	838
乐清市	白石水库	26.30	615	72	33.77	1 014	118	399
	淡溪水库	27.64	358	16	34.45	1 118	50	760
	福溪水库	215.82	566	37	226.65	1 376	90	810
	钟前水库	117.32	1 052	81	123.59	1 629	126	577
瑞安市	林溪水库	68.65	502	73	71.84	728	106	226
	赵山渡水库	21.15	2 129	86	21.51	2 274	92	145
永嘉县	北溪水库	389.87	1 225	43	408.55	2 885	102	1 660
	金溪水库	241.31	715	41	259.73	1 717	99	1 002
文成县	百丈漈水库	621.59	1 235	37	621.32	1 190	36	−45
	高二电水库	309.84	624	42	309.36	607	41	−17
	高岭头水库	764.37	260	17	763.52	240	15	−20

续表

县(市、区)	水库名称	2020 年 8 月 3 日 8 时			2020 年 8 月 4 日 20 时			蓄水变化(万立方米)
		现有水位(米)	现有库容(万立方米)	蓄水率(%)	现有水位(米)	现有库容(万立方米)	蓄水率(%)	
平阳县	顺溪水库	153.48	1 060	77	151.93	992	72	−68
泰顺县	三插溪水库	315.79	1 366	36	316.41	1 411	37	45
	双涧溪水库	379.73	399	47	379.00	372	44	−27
	仙居水库	243.79	1 392	50	243.02	1 344	48	−48
苍南县	桥墩水库	44.06	3 243	81	43.48	3 128	78	−115
	吴家园水库	29.88	447	33	30.41	485	36	38
小计			19 972	51		26 204	67	6 232
文成县	珊溪水库	129.71	87 566	70	129.67	87 459	70	−107
合计			107 538	65		113 663	69	6 125

8 月 3 日 8 时至 8 月 4 日 20 时，白石水库、钟前水库、林溪水库、北溪水库、金溪水库共 5 座水库超汛限水位，其他大中型水库均在汛限水位以下，见表 2.36。

表 2.36 “黑格比”台风影响期间温州市大中型水库最高水位表

站名	最高水位(米)	出现时间	台控水位(米)	超汛限水位(米)
林溪水库	72.17	2020-08-04 14:00	71.29	0.88
金溪水库	260.70	2020-08-04 16:00	260.00	0.70
北溪水库	408.55	2020-08-04 20:00	408.00	0.55
钟前水库	123.87	2020-08-04 16:00	120.16	3.71
白石水库	33.77	2020-08-04 20:00	31.00	2.77

2.24.5 潮位

受台风外围影响，全市沿海潮位站高潮位增水幅度为 0.5～0.8 米。台风登陆时正值天文大潮低潮期，对低潮影响较大。本次台风影响期间三大江潮位均未超过警戒水位。

瓯江温州站最高潮位 3.98 米，瓯江灵昆站最高潮位 3.67 米，飞云江瑞安站最高潮位 3.39 米；鳌江鳌江站最高潮位 3.75 米。

2.24.6 灾情

据统计，受台风影响，温州市共有 31 个乡镇（街道）严重受灾，受灾人口 79.1 万人，倒塌房屋 25 间、建筑工地临时工棚 2 088 间；农作物受灾面积 50.04 万亩，成灾面积 18.89 万亩，绝收面积 7.54 万亩；停电 112 万户，境内 7 条高速全部封闭，县乡道中断 29 条，通信基站中断 3 907 座，受灾树木 3 411 株，基础设施损毁严重；龙湾、乐清、永嘉部分城镇内涝严重；直接经济损失 28.58 亿元。

3

短历时暴雨汇总

3.1 浙江省短历时暴雨

表 3.1 浙江省最大 1 小时暴雨汇总表

站名	年	日期	最大降雨量(毫米)	排名	备注
福溪水库	2019	2019-08-10	168.5	1	温州乐清
上浦	2004	2004-05-30	143.0	2	绍兴上虞
大目涂	2018	2018-09-17	141.5	3	宁波象山
松门	2013	2013-06-07	138.0	4	台州温岭
桑盆殿	1977	1977-08-09	132.0	5	绍兴越城
灵溪	2006	2006-08-10	129.5	6	温州苍南
永强	2001	2001-08-24	125.4	7	温州龙湾
碇步头	1986	1986-09-12	124.8	8	温州苍南
水家洋	1996	1996-08-30	124.4	9	台州黄岩
车岙港	2008	2008-09-05	122.5	10	宁波宁海

表 3.2 浙江省最大 3 小时暴雨汇总表

站名	年	日期	最大降雨量(毫米)	排名	备注
福溪水库	2019	2019-08-10	441.0	1	温州乐清
西山	1999	1999-09-04	255.7	2	温州瓯海
桑盆殿	2013	2013-08-18	253.0	3	绍兴越城
澄海	1990	1990-09-04	249.6	4	温州苍南
夏炉	2016	2016-09-15	249.0	5	温州泰顺
榧坑	1988	1988-07-30	244.2	6	宁波宁海
车岙港	2008	2008-09-05	242.0	7	宁波宁海
灵溪	2006	2006-08-10	240.5	8	温州苍南
矾山	2006	2006-08-10	238.4	9	温州苍南
马站	1990	1990-09-04	238.3	10	温州苍南

表 3.3　浙江省最大 6 小时暴雨汇总表

站名	年	日期	最大降雨量(毫米)	排名	备注
福溪水库	2019	2019-08-09	565.0	1	温州乐清
澄海	1990	1990-09-04	420.7	2	温州苍南
马站	1990	1990-09-04	412.4	3	温州苍南
西周	1990	1990-08-31	372.5	4	宁波象山
矾山	2006	2006-08-10	371.1	5	温州苍南
砩头	2004	2004-08-12	367.5	6	温州乐清
灵溪	2006	2006-08-10	355.0	7	温州苍南
榧坑	1988	1988-07-29	354.9	8	宁波宁海
桑岙殿	2013	2013-08-18	329.0	9	绍兴越城
宅内	2013	2013-10-06	319.0	10	温州苍南

表 3.4　浙江省最大 12 小时暴雨汇总表

站名	年	日期	最大降雨量(毫米)	排名	备注
福溪水库	2019	2019-08-09	750.0	1	温州乐清
砩头	2004	2004-08-12	650.0	2	温州乐清
澄海	1990	1990-09-04	541.5	3	温州苍南
西周	1990	1990-08-31	518.9	4	宁波象山
马站	1990	1990-09-04	514.8	5	温州苍南
中保	2004	2004-08-12	509.6	6	温州永嘉
小佐	2016	2016-09-28	495.0	7	丽水景宁
黄家寮	2004	2004-08-12	492.5	8	台州临海
黄坑	2004	2004-08-12	492.2	9	温州永嘉
里加坑	1988	1988-07-29	477.1	10	宁波宁海

表 3.5 浙江省最大 24 小时暴雨汇总表

站名	年	日期	最大降雨量(毫米)	排名	备注
福溪水库	2019	2019-08-09	883.5	1	温州乐清
砩头	2004	2004-08-12	864.0	2	温州乐清
中保	2004	2004-08-12	680.2	3	温州永嘉
小佐	2016	2016-09-28	679.5	4	丽水景宁
山岙头	2019	2019-08-09	643.0	5	温州乐清
黄家寮	2004	2004-08-12	634.0	6	台州临海
黄坑	2004	2004-08-12	624.4	7	温州永嘉
西周	1990	1990-08-30	617.2	8	宁波象山
上垟	2004	2004-08-12	608.1	9	丽水龙泉
柴桥	2005	2005-08-06	608.1	10	宁波北仑

表 3.6 浙江省最大 1 日暴雨汇总表

站名	年	日期	最大降雨量(毫米)	排名	备注
福溪水库	2019	2019-08-09	882.0	1	温州乐清
砩头	2004	2004-08-12	863.5	2	温州乐清
山岙头	2004	2004-08-12	835.9	3	温州乐清
叶山	2004	2004-08-12	790.7	4	温州乐清
李家山	2004	2004-08-12	733.2	5	温州乐清
中保	2004	2004-08-12	653.6	6	温州永嘉
黄山	2004	2004-08-12	644.2	7	温州永嘉
砩头	1994	1994-08-21	619.7	8	温州乐清
黄坑	2004	2004-08-12	616.7	9	温州永嘉
小佐	2016	2016-09-28	613.5	10	丽水景宁

表3.7　浙江省最大3日暴雨汇总表

站名	年	日期	最大降雨量(毫米)	排名	备注
福溪水库	2019	2019-08-09	927.0	1	温州乐清
砩头	2004	2004-08-11	906.5	2	温州乐清
山呑头	2004	2004-08-11	899.4	3	温州乐清
华阳	2009	2009-08-07	882.7	4	温州苍南
叶山	2004	2004-08-11	860.4	5	温州乐清
峰文	2009	2009-08-07	854.5	6	温州泰顺
黄坑	2005	2005-07-18	848.5	7	温州永嘉
昌禅	2009	2009-08-07	846.8	8	温州苍南
叶山	2005	2005-07-18	829.9	9	温州乐清
庄屋	1960	1960-08-01	821.1	10	温州乐清

3.2 温州短历时暴雨

表3.8　温州市最大1小时暴雨汇总表

站名	年份	日期	降雨量(毫米)	排名
福溪水库	2019	2019-08-10	168.5	1
灵溪	2006	2006-08-10	129.5	2
永强	2001	2001-08-24	125.4	3
碇步头	1986	1986-09-12	124.8	4
岭外	1980	1980-08-20	122.5	5
西山	1999	1999-09-04	120.2	6
黄坑	1999	1999-09-04	116.6	7
朝阳	2015	2015-08-08	115.5	8
岇口	1994	1994-08-21	115.1	9
南雁	2018	2018-09-07	113.0	10

表 3.9 温州市最大 3 小时暴雨汇总表

站名	年份	日期	降雨量(毫米)	排名
福溪水库	2019	2019-08-10	441.0	1
西山	1999	1999-09-04	255.7	2
澄海	1990	1990-09-04	249.6	3
夏炉	2016	2016-09-15	249.0	4
灵溪	2006	2006-08-10	240.5	5
矾山	2006	2006-08-10	238.4	6
马站	1990	1990-09-04	238.3	7
分水关	2006	2006-08-10	234.5	8
宜山	1991	1991-10-03	232.6	9
夏炉	2016	2016-09-15	228.5	10

表 3.10 温州市最大 6 小时暴雨汇总表

站名	年份	日期	降雨量(毫米)	排名
福溪水库	2019	2019-08-09	565.0	1
澄海	1990	1990-09-04	420.7	2
马站	1990	1990-09-04	412.4	3
矾山	2006	2006-08-10	371.1	4
硐头	2004	2004-08-12	367.5	5
灵溪	2006	2006-08-10	355.0	6
宅内	2013	2013-10-06	319.0	7
昌禅	2013	2013-10-06	313.5	8
宜山	1991	1991-10-03	313.2	9
朱涂	1999	1999-09-04	309.7	10

表 3.11　温州市最大 12 小时暴雨汇总表

站名	年份	日期	降雨量(毫米)	排名
福溪水库	2019	2019-08-09	750.0	1
砩头	2004	2004-08-12	650.0	2
澄海	1990	1990-09-04	541.5	3
马站	1990	1990-09-04	514.8	4
中保	2004	2004-08-12	509.6	5
黄坑	2004	2004-08-12	492.2	6
山岙头	2019	2019-08-09	480.0	7
砩头	2020	2020-08-03	457.0	8
叶山	2019	2019-08-09	436.5	9
马站	2005	2005-07-19	428.3	10

表 3.12　温州市最大 24 小时暴雨汇总表

站名	年份	日期	降雨量(毫米)	排名
福溪水库	2019	2019-08-09	883.5	1
砩头	2004	2004-08-12	864.0	2
中保	2004	2004-08-12	680.2	3
山岙头	2019	2019-08-09	643.0	4
黄坑	2004	2004-08-12	624.4	5
吴垟	2015	2015-08-08	602.0	6
澄海	1990	1990-09-04	598.0	7
黄坑	2005	2005-07-19	578.1	8
叶山	2019	2019-08-09	574.5	9
马站	1990	1990-09-04	573.1	10

表 3.13 温州市最大 72 小时暴雨汇总表

站名	年份	日期	降雨量(毫米)	排名
福溪水库	2019	2019-08-09	927.0	1
吴垟	2015	2015-08-07	718.5	2
顺溪	1960	1960-08-08	672.7	3
外垟	2015	2015-08-07	648.5	4
李家山	1972	1972-08-16	642.7	5
砩头	1962	1962-09-03	642.0	6
中保	1960	1960-07-31	630.7	7
雁峰	1962	1962-09-04	626.0	8
朝阳	2015	2015-08-07	624.5	9
叶山	1972	1972-08-16	614.1	10

表 3.14 温州市最大 1 日暴雨汇总表

站名	年份	日期	降雨量(毫米)	排名
福溪水库	2019	2019-08-09	882.0	1
砩头	2004	2004-08-12	863.5	2
山呑头	2004	2004-08-12	835.9	3
叶山	2004	2004-08-12	790.7	4
李家山	2004	2004-08-12	733.2	5
中保	2004	2004-08-12	653.6	6
黄山	2004	2004-08-12	644.2	7
砩头	1994	1994-08-21	619.7	8
黄坑	2004	2004-08-12	616.7	9
澄海	1990	1990-09-04	598.0	10

表3.15 温州市最大3日暴雨汇总表

站名	年份	日期	降雨量(毫米)	排名
福溪水库	2019	2019-08-09	927.0	1
砩头	2004	2004-08-11	906.5	2
山岙头	2004	2004-08-11	899.4	3
华阳	2009	2009-08-07	882.7	4
叶山	2004	2004-08-11	860.4	5
峰文	2009	2009-08-07	854.5	6
黄坑	2005	2005-07-18	848.5	7
昌禅	2009	2009-08-07	846.8	8
叶山	2005	2005-07-18	829.9	9
庄屋	1960	1960-08-01	821.1	10